能为建筑史做些什么

——街区的调查与营造

[日]西和夫◎著　李建华◎译

清华大学出版社

北京

北京市版权局著作权合同登记号　　图字：01-2014-8419

Japanese Title: Kenchikushi ni Nanigadekiruka/ Machinamichousa to machizukuri
by Kazuo Nishi

Copyright © 2008 by Kazuo Nishi

Original Japanese edition published by SHOKOKUSHA Publishing Co. Ltd., Tokyo, Japan

图书在版编目（CIP）数据

能为建筑史做些什么：街区的调查与营造 /（日）西和夫著；李建华译. -- 北京：清华大学出版社，2016
ISBN 978-7-302-43041-4

Ⅰ. ①能… Ⅱ. ①西… ②李… Ⅲ. ①建筑史 – 日本 Ⅳ. ①TU-093.13

中国版本图书馆CIP数据核字（2016）第034695号

责任编辑：孙元元
装帧设计：谢晓翠
责任校对：王荣静
责任印制：杨　艳

出版发行：清华大学出版社
　　　　　网　　址：http://www.tup.com.cn,　　http://www.wqbook.com
　　　　　地　　址：北京清华大学学研大厦A座　　邮　　编：100084
　　　　　社总机：010-62770175　　　　　　　　邮　　购：010-62786544
　　　　　投稿与读者服务：010-62776969, c-service@tup.tsinghua.edu.cn
　　　　　质量反馈：010-62772015, zhiliang@tup.tsinghua.edu.cn
印装者：三河市春园印刷有限公司
经　销：全国新华书店
开　本：185mm×250mm　　印　张：12.5　　　　字　数：234千字
版　次：2016年7月第1版　　印　次：2016年7月第1次印刷
印　数：1～3000
定　价：45.00 元

产品编号：062898-01

序言

街区建设研究所的创立暨本书的开始

2007年12月18日，我向我所在的神奈川大学校长提交了一份报告，告知神奈川大学工学研究所成立了"街区建设研究所"。开篇就讲这件事似乎有些唐突，在此有必要向各位读者解释一下。

这几年我一直在平户市（长崎县）、江津市（岛根县）、长野市松代町（长野县）、长井市（山形县）等地实施街区调查，并运用所获成果投身街区建设。恰逢大学研究项目招标，我便在已有经验的基础上，以《与当地居民共同创立和运营街区建设研究所》为题申请了项目。2006年11月该项目接受了由8位评委组成的评审组的评审，我们回答了各种各样严苛的提问。幸运的是项目的意义得到了认可，2007年1月出版的《工学研究所通讯》宣布"经过慎重审查"，该项目和其他三个项目一并获得立项。

虽然立项通过了，但事情的进展却并不顺利。按照我的计划，我们将在长野市松代町和长井市两地，与当地的民间非营利组织（NPO）协同实施街区调查和街区规划，而大学方面却停止了经费的发放。这之后几经波折，终于在一年多之后的2007年秋获批实施。我们立即和当地民间非营利组织交换了《关于街区建设研究所的备忘录》，启动了项目。前面提及的向校长提交的报告，就是陈述研究所终于成立的情况。

《备忘录》首先强调了"与当地居民合作、保持历史风貌的街区建设"，然后将调研、发表成果、规划和举办有利于街区建设的演讲会等工作内容一一列举了出来。幸运的是研究所的成立深受当地群众的欢迎，报纸上也连篇报道。让我们看一下这些报道的标题吧。

2007 年 12 月 18 日

工学研究所项目研究"街区建设研究所"
成立报告

承蒙您对工学研究所项目研究"街区建设研究所"给予大力支持，在此谨表诚挚的谢意。

长野县长野市松代町和山形县长井市与我们大学研究所共同创办的街区建设研究所在两地分别正式成立了。长野县长野市于今年 11 月 24 日（六）11 时 30 分在松代町石切町松真馆，长井市于今年 12 月 9 日（日）13 点 30 分在市内大町的小樱馆，分别举行了成立仪式。

此前，松代和长井分别与民间非营利组织（NPO）交换了《关于街区建设研究所的备忘录》，商议了运营协定。

谨此报告如上。随此报告附上相关资料：两份与民间非营利组织签署的《关于街区建设研究所的备忘录》复印件以及《信浓每日新闻》《长野市民新闻》（松代方面）、《山形新闻》（长井方面）有关研究所成立仪式的报道。

西和夫

◆ 松代"街区建设研究所"成立。24 日,神奈川大学和长野的民间非营利组织成立了"街区建设研究所",大学开始对古建筑展开调研活动。

——《信浓每日新闻》,2007 年 11 月 10 日

◆ 松代"神奈川大学研究所"成立,保护街区,长野与其合作并交流。

——《信浓每日新闻》,2007 年 11 月 25 日

◆ 松代"街区建设研究所"成立,与神奈川大学携手创建理想居住空间,并计划完成调研报告及举办讲演等活动。

——《长野市民新闻》,2007 年 11 月 27 日

◆ 长井"街区建设研究所"明日成立。当地民间非营利组织和神奈川大学协同创办,共担保持历史建筑风貌、建设充满活力城市的大任。

——《山形新闻》,2007 年 12 月 8 日

◆ "街区建设研究所"将在本地区活动场所举行成立仪式。

——《山形新闻》,2007 年 12 月 11 日

◆ 保持街区风貌、使街区充满活力。神奈川大学在拥有历史古迹的长野、山形开设研究场所。

——《神奈川新闻》,2008 年 1 月 13 日

设在长野市松代町和长井市的"街区建设研究所"揭幕,开始了与当地居民合作共建家园的活动。那么,我们为什么要选择这两个地方?为什么是街区建设而非其他呢?

本书将就迄今为止我和神奈川大学建筑史研究室所走过的"街区调查和城市建设"的路程,以及我们所追求的"保持历史风貌的街区建设"实施方法等,进行具体说明,并介绍我本人对于整个建筑史的思考。

长野市松代町的街区建设研究所揭牌仪式

长井市的街区建设研究所揭牌仪式

为纪念松代町和长井市街区建设研究所成立而举办的研讨会宣传广告

目录

一、街区调查和街区建设

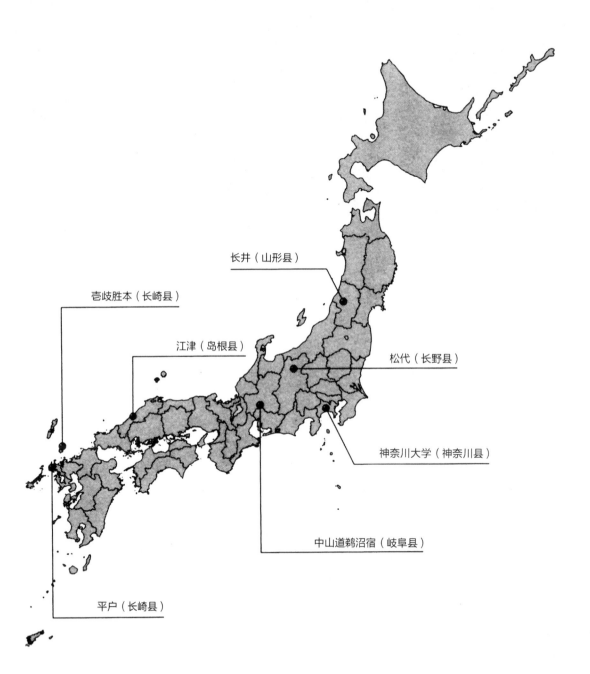

长井（山形县）

壱歧胜本（长崎县）

江津（岛根县）

松代（长野县）

神奈川大学（神奈川县）

中山道鹈沼宿（岐阜县）

平户（长崎县）

1. 平户（长崎县）

荷兰商馆街

神奈川大学建筑史研究室"街区调查和街区建设"项目最早涉入的街区是平户。时间在 2000 年。这以后的调查持续了六年，2001 年 1 月《日本历史》刊载了平户街区建设的雏形，所以我们就从这篇文章谈起。

平户自很早以前就一直开展荷兰商馆的复原工作，曾经一度努力想赶在 2000 年，即日荷交流 400 年前完成，但由于各种情况工期延误。目前正在进行仓库遗址的发掘调查。

平户市计划还原 1639 年建造的仓库。平户荷兰商馆在现存的荷兰墙东边，除了有几幢木结构建筑外，还拥有分别建于 1637 年和 1639 年的两所仓库。仓库都是石头建筑，宏伟气派，由于建筑物上标示建造年代的数字与天主教相关联，因此受到幕府指责，两所建筑物都遭遇了拆毁的厄运。倘若徜徉在荷兰街头，你会发现临街的建筑刻入建造年代是极其普通的事情——荷兰商馆的仓库雕刻建造年代也是源自这样的习惯。从商馆方面来说，也一定是实在无法接受以宗教为口实拆毁建筑物的做法，但是最终建筑物还是被彻底拆除了，商馆搬迁到了长崎的出岛。

鉴于上述情况，平户会在将要重建的仓库的侧面墙体刻上 1639 的文字。现在我就很期待看到文字到底会是怎样的一种设计。

但是，复原重建其实并不那么简单。即使通过发掘，查明了建筑物的大小和所在的位置，建筑物的形状仍然不得而知。因为我们没有可直接展示当时建筑物形状的资料。既没有设计图纸，也没有值得信赖的、描绘外观等的绘画史料。万幸的是，荷兰海牙的图书馆中收藏有东印度公司的会计账簿，上面记录着为建造平户荷兰商馆仓库所花费的费用。无论是材料，还是石头的形状、数量、价格，都记录得非常详细——重建工作就是在认真研读这些资料的基础上推进的。当然，一份会计记录不可能将建筑物的形状完全呈现出来，人们还需解决繁多的有待探讨的课题。

目前重建工作就是在这样一种情况下进行着。虽然问题很多，但平户市计划在 2005 年完成，我现在也是为了这一目标在积极配合。

每当我为了这项工作走访平户时，有一件事总是令我牵挂。这就是构成街区全貌的建筑物接二连三地被拆毁，有的变成了空旷的平地，有的盖起了与街区风格不相符的崭新建筑。

当然，翻盖古老破旧的建筑是理所当然的，商业店铺重新设计结构招徕顾客也无可厚非。但是一片珍贵的、凝聚着历史氛围的街区渐渐地离我们远去，这也是非常遗憾的。

于是，我便向市政府提出咨询，虽然重建荷兰商馆是非常有意义的一件事情，但与此同时，古老街区的消失岂不是更加遗憾？诚然，市政负责人和居民们都关注到了这一现象。但事实是，谁也说不清楚街道上的建筑到底是否具备历史价值，谁也不清楚哪里应该有什么或不应该有什么。所以即使是想采取措施也手足无措。这就是现状。这使我开始思考，如果开展调研的话问题不就能够解决了吗？只是我们既无费用，也无人手，调研难以展开。

既然我们提出了改造街区的提案，我们就不能在困难面前脱逃。在这种情况下，我便带领学生开始了对街区的调查。

调查的目的是使城市充满活力。很多志同道合的朋友也给了我们大力的支持。城市非常宽广，一两次的调查是不可能完全了解清楚的。既需要时间，也需要费用。但独到的方法也必有其独到的效率。我相信学生们凭借着年轻和旺盛的精力一定能获得成效。我们会和市民们同心协力，为城市的活力贡献绵薄之力。

（《日本历史》第 632 号，2001 年 1 月）

以上就是我于 2001 年 1 月提交的关于"荷兰商馆街"建设的报告。遗憾的是，荷兰商馆的复原直到 2008 年也没有实现。这些我们暂且不提，我们的街区调研就这样从 2000 年起步，一直持续到了 2005 年。前面的报告写明了调研的契机。

平户荷兰商馆遗址全景

正在测量建筑的学生们

从商馆遗址延伸开来的历史风貌街区

学生们的调研情景

开始实施街区调查

平户的街区调查于2000年起步。那么,调查的目的和方针是什么呢?下面是发表在《神奈川大学日本常民文化研究所论集》上的一篇文章,它也是我展开调查最初的设想。日本常民文化研究所以历史学和民俗学为核心,我本人也是其成员之一。

平户市位于长崎县北部,由平户岛、度岛、高岛等组成,面积约170平方公里,人口约25 000人。城市建制始于昭和三十年(1955),很快将迎来半个世纪。据说城市建立初期的人口是45 000人,因此其人口外流是非常严重的。现在包括人口外流的问题在内,平户正面临着今后如何发展、调整的问题。

人口下降的原因是缺少就业渠道，年轻人纷纷离岛。据岛上居民讲，平户最大的企业就是市政府。我们暂且不论市政府算不算企业，首先这里就没有超过 400 人就业的单位。

　　一旦年轻人离开平户，剩下的就只有老人和孩子了。城市丧失了活力。所谓产业就是农业、渔业以及旅游业。但即使是农业、渔业，倘若没有年轻人，便也前途暗淡。这样一来，就只能依靠旅游业了。平户将自己标榜为"沧桑和浪漫的岛屿"，但或许也是由于交通不便的原因吧，游客数量一直呈下降趋势。

　　作为拉动旅游业的引擎，平户市规划重建平户荷兰商馆。遣唐使时代以庇罗岛闻名天下，中世纪又作为倭寇根据地的平户，自古就作为海洋交通要地而繁荣，自 1550 年葡萄牙入港以后，成为了南蛮贸易的窗口。1609 年威廉·亚当斯（William Adams，即三浦按针，英格兰航海家，江户时代初期曾担任德川家康的外交顾问——译者注）指挥荷兰船只入港，之后开设了荷兰商馆。1612 年建造了员工宿舍和仓库，1637 年和 1639 年建造了石造的巨大仓库。现在平户市重建的就是 1639 年的仓库。遗址已经实现公有化，发掘调查也在实施过程中。这所仓库在建成后仅仅两年的时间里，就在幕府的命令下被拆毁，商馆迁址长崎出岛。商馆的存续时间也只有 30 多年。由于拆毁得非常彻底，除了墙壁和井以外，几乎没有残留下当时的痕迹。

　　提及荷兰商馆，长崎出岛的荷兰商馆非常著名。据说它是江户时代面向欧洲打开的唯一一扇窗口。尽管这些年我们渐渐地澄清了面向海外的窗口不仅仅是出岛一个地方，但无论如何，与平户相比较，出岛的存续时间是长的。2000 年 4 月，出岛还复原了五栋建筑，因此提到荷兰商馆更多的人想到的是出岛。

　　其实，2000 年平户市也积极推进复原工作，计划完成部分复原，但是由于各种情况计划没有实现，现在复原工作也仍在进行中。为了出席复原研讨委员会会议，我几度走访平户。我所察觉的就是平户的古老街区渐渐消失。鳞次栉比的建筑，有的被夷为平地，有的变成了停车场。

　　荷兰商馆的复原是一件好事，但是给人以历史沧桑感的珍贵街区逐渐消失是遗憾的。这样想来，我便向市政府提议要设法改变现状。

我得到的答复是："到底有没有古建筑实际存在？就算是有存在，到底是否具有价值？"因为没有任何调研，所以全然不知。也因为全然不知，所以无法采取措施。

由此我想，我们调研一下不就可以了吗？回答是没有人手和预算，调研是无法进行的。如果等到预算到位，人员配备完整后再开始的话，真不知要等到什么时候。在等待期间，今天一栋，明天一楼，建筑将越来越少、直至消失。

面对这种情形，担忧的人便只有动起手来。当我和研究室的研究生及本科生商量后，他们告诉我："我们来做吧。"就这样，我们分文不取地投入了街区的紧急调查工作。目的只有一个，这就是让城市充满活力。

目前调查还处在中间阶段，即便如此，平户城市的特色还是渐渐显露出来。在此，我在报告城市特色的同时，也想清晰说明存在的问题。

2000年7月我们着手调查的准备工作，8月17日至19日（历时3天，参加者5人），我们前往平户作预调查，在和当地居民商谈好日程后，于9月11日至17日进行了第一次调查（历时7天，参加者18人），10月23日至26日实施第二次调查（历时4天，参加者13人），12月13日至17日进行了第三次调查（历时5天，参加者7人）。为了将每一次的调查成果尽快地告知平户居民，我们连夜整理当天的调查结果，编撰了《平户街区调查速报》，第一次调查连载了1—5期，第二次调查刊载于6、7期，第三次调查刊载于8—10期。我们在当地散发了这些速报。速报的印刷得到了平户市教育委员会文化交流科的协助。

在第一次调查临近结束的9月16日傍晚，我们在松浦史料博物馆的正面石阶处召开了报告会，除了汇报调查结果外，还邀请了恰好自荷兰来访日的卢西恩·班·德鲁·马尔（摄影家）、埃里克·班·欧门（野鸟研究家）进行点评，并请到了建筑史家林一马（长崎综合科学大学）、堀川干夫（樱美林短期大学）作演讲。为了让大家了解各地的街区保护情况，在第一次调查过程中，我们还在市正厅走廊和北川医院走廊举办了街区摄影展。

第一次调查时我们制作了从马路上看到的建筑物形状（正面）的素描图和立面图（显示街区状态的连续图片），围绕街区建筑的布局

（平面）、石制建筑（石桥、石墙、水井、牌坊、灯笼等）、屋顶、街区历史等展开调查。第二次调查主要是神社祭奠（平户9月9日祭祀）调查（神社祭祀、供奉队列的行程、街区的装饰、各家各户的祭祀仪式）、教会调查、主要文化遗产调查（谐乐园、栖霞园、松浦史料博物馆等）。第三次调查除了对前面的调查进行补充和追加外，还将第一次调查的报告书分发给第二次将要调查的地方，将第二次调查的报告书分发给第三次将要调查的地方，如此这般挨家挨户地进行汇报。

第一次调查时制作的《平户街区调查速报》第二期（2000年9月13日）（前一天调查的松浦史料博物馆的报告，分发至调查区域的每一户人家）

第一次调查报告会（展示长街的连续图片）

第二次调查时对秋日祭礼中神社祭祀的调查

第四次调查报告会（租用一所被调查的建筑物的客厅）

学生对调查神社祭祀时供奉队列的插图（制作：塚本加奈子）

　　正如我开头所说，平户是 17 世纪初叶荷兰商馆的所在地，英国和葡萄牙也曾经将平户当作贸易的据点。但由于收支平衡等问题，英国主动撤出了平户，而葡萄牙则在幕府的压力下迁移至了长崎，唯有荷兰将商馆经营了 30 多年。除了平户，有荷兰商馆的只有长崎，荷兰商馆在平户的历史上留下了深刻的痕迹。

　　正如商馆存在本身所标示的那样，平户是一座贸易城市，也是一座港口城市。1977 年平户大桥建成，与九州本土直接相连，现如今平户是座岛屿的意识似乎逐渐淡漠起来。在这之前，由于从九州本土的田平港乘船前往是唯一路径，自然港口就是一个重要的存在了。

　　平户还是平户藩六万三千石（大名、诸侯等的俸禄——译者注）的城下町（以诸侯居住地发展起来的城邑——译者注），因明治维新才遭到彻底破坏。登上 1962 年重建的钢筋水泥瞭望台，别说是城下町了，就连入港船只的一举一动都一览无余，可见古城选址具有多么优越的条件。

　　就是这样一个集商馆城、贸易城、港口城等诸多特色为一身的城下町平户，近年来却发生了巨大的变化。现在它已成为了一座旅游城市，商馆的重建总算指日可待。

　　但是，就算是重建了商馆的石头仓库，仅凭这一点是否就能吸引游客呢？我必须承认这还是一个巨大的问号。即便是游客纷至沓来，商馆及其周边根本没有占地空间；旅游车停放在哪里，如何诱导人流，这些还都需要进一步的研究。在我们设想的方案中，最可能实施的便是将车停泊在港口附近、取名为"交流广场"的那块填筑起来的空地上，然后从那里步行一段距离。问题是倘若步行的沿途没有任何引人入胜之处的话，除了痛苦外，无法给游客带来任何益处。

我们的街道是否具有魅力，这是一个重要的课题。如果维持现状不变的话，令人深感绝望，即使是商馆重现也无可奈何，更何况仅仅凭借一个商馆不足以吸引游客，城市的魅力不可或缺。

说到城市，当地的居民们也注意到了魅力不足的问题，据说现在他们提出了这样的方案：将城市分割成几个板块，建设荷兰风情区、英国风情区、葡萄牙风情区以及中式风格设计区域等。方案中所选择的似乎都是些和平户的历史拥有某种关联的国家，但倘若我们唐突地要求某家店铺"您的店要建成中式风格的"等，人们是否会接受呢？

平户的街区还从来没有设计成荷兰风格、英国风格、中国风格等，这之间缺少历史的必然性。究竟具体地应该如何设计，由于没有任何依据，也无从研究。因此对于这样的提案，我们只能说它暴露了对历史理解的欠缺。

据说还有另外一种方案。这就是将道路的名称改作英国商馆大道，等等。这种方案和前面的方案一样，缺乏对历史的理解。正如大家所知，全国各地到处都有借行政之力强行改换地名，使地名变得枯燥无趣的现象。目前的情况是面对这种现象，历史学、民俗学等方面的研究人员明确强调"地名也是文化"，最终使一些地方又恢复了原有的名称。当老地名恢复后，不仅仅是地图，与行政相关联的所有的一切都要恢复，需要花费大量的时间和费用。因为要找回失去的文化，花费再多也是理所当然的。

道路的名称也同样，它也属于一种地名，从尊重文化的角度出发，我们不能无视它的变更，哪怕只是赋予它一种爱称。倘若没有根据地变更的话，就将重蹈前面提到的那种愚蠢行为的覆辙。

那么，到底如何才能使我们的街区完备起来呢？以上谈到的几点都可充当某种反面教材，它会教会我们该如何去做。也就是说，我们要清楚地认识历史背景，在正确把握平户街区的历史特色的基础上，充分加以利用并完善，除此之外别无他法。

为此，我们必须充分了解平户街区的历史，了解构成街区的建筑物是怎样的一些建筑物。
我们的街区调查就是出于这样的目的而实施的。

（《历史和民俗》17, 神奈川大学日本常民文化研究所编，平凡社，2001 年 3 月，
本文收录的是开头部分）

松浦史料馆（左侧靠里）和连绵的瓦顶房屋街道（这里所能看到的建筑几乎全部实施了调查）

对 17 世纪建造的石桥——幸桥进行实际测量（与江户时期的城下绘图进行对比，在此调查的基础上，探讨街区的构造）

为了街区建设

　　两年后的 2003 年 3 月 3 日，我们汇总了之前的调查结果，写出了报告书。报告书除了对所调查的建筑物进行分析、对街区的特征进行说明外，还收录了平户的城市构造及其变迁、通过祭奠仪式所看到的城市面貌的变化、对沿海城市平户的重新思考、对街区的保护和利用的提案，等等。执笔人为西和夫和山田由香里。这之后调查继续进行，但这份报告书已基本反映了城市的面貌。下面就是报告书的开头部分。

　　平户是一座集贸易、商馆、港口、城下町于一身的城市，综观全国，可以说它也是一座拥有无以类比的历史的古老城市。构成平户中心的就是城市北部的旧城下町地区。1955 年实施现行平户市建制，同年市区的一部分被指定为西海国立公园后，促进了松浦史料博物馆（1955）、平户观光资料馆开馆（1959）、平户城的修复（1962）等市内文化的振兴，平户港作为长崎县北部的观光船基地再度吸引众多游客。但随着 1977 年平户大桥建成，平户和九州本土相连接，交通手段由轮船变成了汽车，多年的海港城市平户发生了彻底的变化。

　　现在平户正在推进重建荷兰商馆的计划。重建计划第一阶段的目标就是在旧城下町地区东北面的国家历史遗址——平户荷兰商馆的遗址上还原 1639 年建成的仓库。规划重建商馆的主要目的就是要重现历史，通过对游客的吸引恢复城市的活力。从实施城市建制以来的 50 年时间里，平户市的人口几乎减少了一半，并且现有人口中 65 岁以上的占到了 40%。主要产业是农业、渔业、旅游业，然而老龄化社会中的农业和渔业是没有发展前途的。剩下的只有旅游业，而旧城下町地区的商店又持续低迷。

　　前来平户观光的游客并不在少数，每年大约有 130 万之多的游客来到平户。我们所作的计划，便是通过商馆的重建，将游客吸引到城市中来，并激发城市活力。

　　然而，即使将商馆复原起来，仅凭这一点也很难将游客呼唤到城市中来。我们还必须使商馆周边的街区充满魅力。包括九町在内的居住着 530 户居民的旧城下町地区，从一端走到另一端也不过只需 30 分钟，可是平户城、幸桥（国家重要文化遗产）、寺院和教会等景观以及松浦史料博物馆等名胜古迹就散落在这其间。此外还有构成商店街的建筑，虽然招牌等遮住了它们的正面，但黑瓦、灰墙带给人的厚重感却留住了沧桑的氛围。这些街区与复原的商馆融为一体，作为享受步行乐趣的街区，一定能够呼唤游客来到我们的城市中。

实际上，以前就一直有人追求将平户的街区和商馆合二为一，充分发挥其作用（《以荷兰商馆为中心的城市建设》，刊载于《平户荷兰商馆重建和街区建设》，平户市，1998）。但是由于房屋老化和后继无人等原因，特别是或许当地的人们还没有意识到街区的价值所在吧，旧城下町的街区近年来不断丧失旧时的面貌。空地和停车场夹杂在街区中间，形成片片空缺，异常醒目，加之新建起的大规模店铺和医院等，山脉、海洋、城市的景观正在消失。按照现在的状况，历史古城的魅力正在离我们远去。为了恢复城市的活力，我们需要一个能够享受悠然漫步其中的良好环境。平户的街区调查就是以恢复城市活力为目的的开始的。

平成 14 年（2002），平户入选日本 National Trust（国民信托组织，1895 年英国成立的保护名胜古迹的民间组织，现已遍及世界——译者注）的调查对象区域，由西和夫（神奈川大学，委员长）、水沼淑子（关东学院大学）、清水耕一郎（Architectural Laboratory for Systems Environment Development，建筑研究所）、山田由香里（平户市教育委员会）等组成了委员会，研讨城市建设今后面临的课题等。以神奈川大学建筑史研究室为核心，又组建了平户街区调查会，实施具体调查。包括以前的调查在内，他们共进行了 73 项调查。下面是 2000 年 7 月以来实施的调查细目。

2000 年 7 月　神奈川大学建筑史研究室成立了平户街区调查会

　　　　 8 月　实施预调查

　　　　 9 月　第一次调查、第一次报告会、举办街区摄影展

　　　　 10 月　第二次调查、《调查报告书Ⅰ》发行

　　　　 12 月　第三次调查、《调查报告书Ⅱ》发行

2001 年 2 月　第四次调查、第二次报告会、该报告会所用梗概集发行

　　　　 6 月　第五次调查、《调查报告书Ⅲ》发行

　　　　 7 月　第六次调查

8月	第七次调查、商店街夏日狂欢节邮展、城市建设方案展示《调查报告书IV》发行、为调查后的建筑挂牌及建立认证
10月	第八次调查、《调查报告书V》发行、借用商铺展示学生毕业研究的中期成果
11月	第九次调查、紧急报告镜江舍调查结果
2002年1月	入选日本National Trust调查对象
2月	视察传统建筑区（传统建筑群保护地区）佐贺县有田町
3月	第十次调查、《调查报告书VI》发行
4月	第十一次调查、神社祭奠使用的花车情况调查
6月	第十二次调查、实施店铺门户艺术（自己在店铺的门户上描绘图画）
9月	第十三次调查
10月	第十四次调查、举办以平户街区和城市建设为主题的托拉斯第一届委员会、交流会
2003年3月	国民信托组织第二届委员会、第十五次调查、包含所有调查结果的调查报告《平户的街区》发行

（《平户街区——旨在恢复包括荷兰商馆重建在内的城市活力》，

国民信托组织，2003年3月，开篇部分抄录）

从调查过程看，自2000年至2003年，我们共实施了十五次调查。之后，在平户市教育委员会工作人员、建筑史研究室毕业生山田由香里的协助下，我们运用这些调查结果，使武家宅邸的大曲家住宅及生月的益富家住宅等接连成为国家的注册文化遗产。益富家住宅还被指定为长崎县指定文化遗产。街区的修缮工作也在慢慢推进。居民们以国家注册的文化遗产建筑物为牵引，开始自主动手修缮建筑。我们期待今后的城市建设会取得进一步的发展。

需要特别提出的是，从调查的最初阶段就参与、并且曾经在平户市工作过的山田由香里（现在长崎综合科学大学工作）在谈及"平户的街区及其今后的发展"时这样说道：

2004年8月，平户的城下町获得了建设长崎魅力城市重点支持地区的认定。这表明长崎县为了实现扩大交流人口、改善居民环境的目标，支持与平户市联起手来重点完善街区建设。最终在荷兰商馆和松浦史料博物馆等坐落的崎方町，居民们签订了协议，完善了支持街区建设的辅助制度。从 2005 年开始，在制度的引领下，他们按序开始了修复工作。

但是实际上，早在县方面的支持和制度的建立之前，在我们所调查的建筑物范围内，就已经有人开始自发地进行修缮了。从建筑物内部的加工和全面修缮到外壁的粉刷，虽然规模有大有小，但有十多户已经着手在做了。特别是自 2002 年平户市开始举办女儿节庆典后，一些商铺为了赶上庆典，加快了修缮的速度。随着女儿节的庆典年复一年地举办，吸引游客漫步街头，饱览街区风情的趋势高涨。以平户市商工会议所为中心，自 2005 年始又开办了春日杜鹃花节、金秋祭奠、城下町全民狂欢等活动。春季到来，店铺门口杜鹃花朵朵盛开，十月金秋，整齐的帷幔迎风招展，地产的美酒和庆典美食喜迎宾客。

街区调查不仅仅限于城下町的商铺，还包括武家私宅、平户藩主的菩提寺和别墅、江户时代捕鲸组织的宅邸等。对于这些建筑，居民们或申请国家的注册有形文化遗产，或开放武家私宅举办园艺展览，或在菩提寺坐落的木津町举行万千灯笼春日祭的活动。

2006 年冬，为出席平户荷兰商馆的重建研讨委员会，提前一天来到平户的西先生和同为研讨委员的西谷正先生（考古学，九州大学名誉教授）一起漫步夜晚的平户街头。

据说一位擦肩而过的妇女向西先生打招呼道："啊，西先生您还好吗？您又到平户来了啊。"看着他们之间的交流，西谷先生非常惊讶，深受感动，他说："我知道西先生一直在从事街区的调查，但却没有想到他和平户的居民们建立了如此熟悉的关系。"

研究室的学生们历经五年一直参与平户的街区调查。学生们把自己戏称为平户一期生、二期生。特别是一期生们在调查开始前的两个月时间里，为了全国各地的街区建设或翻阅文献资料、或实地勘察，为赴平户调查做了充分的准备工作。还有一些学生在调查过程中与街道和居民接触后，开始热心起公益工作来，并选择了作行政职员。平户的街区调查无论对谁来说都是一个巨大的转折点。

调查后主动将外观修葺一新的酿酒作坊的仓库

木结构三层建筑（旧式旅馆）和拥有升降窗的二层店铺（调查后，主动进行了修缮，如右图：二层的商铺由年轻夫妇经营着一家糕点铺）

2. 江津（岛根县）

与建筑师协会合作

比平户的街区调查稍晚些，江津也开始了街区调查。这一调查得以实施，是神奈川大学建筑史研究室毕业生梅田千贺子孜孜不倦地走访当地建筑的努力的结果。调查的开端是梅田氏在研究室同窗会上发问："难道就不能加以保护了吗？"于是大家便决定前去考察。调查在建筑师协会的帮助下开始，下面的文章就是向当地报刊投去的关于调查情况的稿件。

自古以来，江津作为船运基地，并作为旧山阴路沿线的交通枢纽而繁荣。大正十年（1921）铁路开通后，城市的中心移至现在日本铁路（JR）江津站周围，这之前现在的本町地区是江之川西岸的核心。

就在这个本町地区，2002年12月以来神奈川大学建筑史研究室一直进行着街区调查。通过调查以下几点得以明确。

首先，确认了可以追溯至江户时代的建筑物的存在。藤田家的房子建于嘉永六年（1853），高原家建于元治元年（1864）。

这些具体年代是如何弄清楚的呢？调查人员在屋顶的内层发现了一块图板，上面记录着建造的年代和木匠的名字。图板也称作手板，是木匠记录房间分隔以及柱子安排等的一览表，一旦工程结束，通常都会将图板处理掉。旧冈本家和武田酒店也都在屋顶内层收藏了这样的图板，这或许是这个地区木匠们的一个习惯吧。这对我们来说非常珍贵。

由于调查的建筑物数量较少，下结论还为时尚早。但自江户到明治留存下来的建筑物很多，因此可以说，江津是一座历史价值很高的城市。

其次是明治初期邮局的存在。这所邮局有人说是明治十年的，也有人说是二十年的，调查也没有弄清楚具体的年代，但从样式上看肯定是明治初期的建筑。

江津从明治五年（1872）开始设立邮局，明治三十六年（1903）改名为江津邮局。

纵观邮寄制度的历史，日本首次制定的邮寄规则是明治四年（1871）东京、大阪之间的邮寄规则，次年全国范围实施了邮寄制度，江津也是其中之一。现存的建筑物无论是明治十年，还是二十年建的，从全国范围来看都应该是非常早的。

虽然现在建筑物的颜色有些灰蒙，但在当时却是绿色和白色，是非常时尚的设计。现在建筑物的内部有一部分已经改变了面貌，但恢复为当时的样子并不十分困难。

我们所判明的第三点是江津不仅拥有能够再现旧山阴路情景的土床坡（江津的一条石头坡路——译者注），还有反映该地曾为窑都的登窑遗址；有藤田家的信件和祈祷牌等极其丰富的海运业史料；整个城市保留着浓厚的港口城市、交通枢纽城市、商业城市的特色。只要我们充分挖掘礁石、水井、水路、石板路等各种历史资产的价值，就有可能建设成一个持久的、富有风情的城市。

尽管这里的景色对当地居民来说都是每日司空见惯的、理所当然的景色，但从全国的角度看，却是一份宝贵的存在。

当地的建筑师协会积极地参与了我们的调查。这令我们非常感动。岛根县和江津市负责文化保护遗产和建筑工作的朋友也给予了我们大力的协助。只要我们与市民们齐心努力，共聚智慧，今后的发展将非常值得期待。

（《山阴中央新报》，2003 年 4 月 10 日）

旧山阴路沿途江津本町的街区

明治初期的旧江津邮局

商家屋顶内层保留的图板

从土床坡俯瞰江津本町街区

在寺庙本堂举办调查成果报告会

重视身边的建筑

在与建筑师协会江津支部的共同努力下，我们实施了江津本町的街区调查。调查发现，江津不仅留存有可以追溯至江户时期的建筑，还有明治初期的邮局。这些建筑的历史价值非常高，从全国范围看这里也是一个非常宝贵的地区。

调查的截止日期是 2003 年 3 月 23 日，我们在本町第三自治会集会场所召开了报告会。报告会盛况空前，当地居民纷至沓来，会场几乎人满为患。

报告会上，神奈川大学汇报了通过调查查清了什么，建筑师协会江津支部的尾川隆康陈述了今后应该如何保护，同为建筑师协会的梅田贺千子以幻灯片的形式介绍了城市的主要景观。

这之后的提问非常活跃。人们对今后应该如何保护表现出了极大的关心。尾川氏通过具体的图片说明了建筑物的外观和墙壁的景观修复，大家除了对此表示赞同外，还针对在保护和修复景观方面增加费用的方法提出了问题——对居民来说这些都是切实和重要的问题。江津市城市建设科负责建筑工作的山本雅生主任在解释的过程中谈到有各种各样的保护方法，也涉及了具体的对策。

也有意见强烈要求尽早修复明治初期的邮局，建筑师协会和我都答复说有意将这里作为开展街区保护工作的一个工作地点。下面是我对今后做法的一些思考。

首先，最为重要的是我们的调查刚刚开始，还需要持续深入下去。但是也确有像邮局这样急需修复的项目。我们盼望修复工作早日开始。

其次，我认为从长远看，应该把选定传统建筑群纳入视野，比较好的做法是要考虑国家的文化遗产注册制度。但最最重要的还是居民本身行动起来，"一定要把我们的城市建设好"。

居民们或许会说，无论你们怎么说，建筑物的价值外行人是不得其解的，因为这些建筑物并没有被认定为文化保护遗产。

但是仔细想来，无论如何重要的建筑物，"在被认定之前都是没有认定的"。我这样讲，当然不是说一经认定就突然迸发出价值来了。我想说的是，并不是只有认定才是判断价值的标准。

只要自己认为重要的东西就是文化遗产。我将它们称作百姓文化遗产。

江津本町的情况也同样，我想我们应该从保护百姓文化遗产开始。

（山阴中央新闻，2003 年 4 月 24 日）

2007 年实施了旧江津邮局的修复，漫步城市，江津邮局成为了景观。接下来我们首先开始了获取国家注册文化遗产称号的工作，并成立了居民协会。未来是值得期待的。

修缮后的旧江津邮局

3. 松代（长野县）

与民间非营利组织合作

继江津之后，我们又开始了对长野市松代町的调查，我担任了国家历史遗址松代城修复委员会的委员。当地出身的毕业生小林育英在长野市教育委员会工作，在他一心想要为城市做些什么而发起行动后，我们开始了调查。这之后，我们的调查得到了民间非营利组织和行政方面的大力支持。我们遇到的问题是，尽管松代是一座拥有优美建筑和庭院，以及畅通的水路的城市，但是对于当地居民来说，这些都是司空见惯的存在，没有人意识到它们的重要性。我们几次召集街道居民，召开讲演会。这里我想展示一下我们的演讲记录。

今天我想在总结前一段时间调查结果的基础上，谈一谈今后如何推进街区建设的问题。

关于今后如何推进松代的街区建设，迄今为止我们似乎也做了很多的尝试。仅围绕建筑本身的调查就已经开展了很多次，关于每一次的成果也都作了报告。但是调查的结果是否和街区的建设直接关联了呢，这个问题并没有那么简单。由于各种困难，从形式上看并没有什么效果。与此同时，城市并不是静止的，它在不断地发展变化。建筑物也同样，特别是在更新换代的时候，渐渐失去的东西在增加，城市中经常出现空地，出现停车场。这不是一个简单的好与不好的问题，对于城市的健康发展来说，历史性建筑的消失令人深感寂寞。从这一观点出发，我们有必要思考如何才能使城市充满朝气。问题错综复杂，我认为首先需要将问题理出头绪来。

让居民住着舒服是根本

说到从根本上讲什么是最重要的，我认为最重要的是对城市的居民们来说要住着舒服，如果不把这一点当作最根本的事情就不会有好的结果。就像我这样的一个外来者参与进来，单方面指手画脚地说什么如何如何是好，是不可能解决问题的。无论在什么样的情况下，当地的居民都应该是主体。这也是为什么今天有如此众多的人来到了我们的会场。今天在场的各位立即行动起来，迈出第一步是最重要的。其中最根本的就是让我们自己的城市住起来更加舒适，让我们的城市更加美好，我想这就是我们的起点。当然说起来容易，真正做起来却非常困难。

那么我们到底要朝着一个什么样的目标行动起来呢？我想可以将"让我们的城市充满朝气"作为我们的行动口号。当然如果你反问这是否意味着现在的松代就没有朝气呢，对此我很难回答——我要说的绝不是没有朝气，我只想说希望我们的城市更加富有朝气。如果大家都这样想事情会怎么样呢？如果大家都认为需要改造，就有必要设定一个基本的目标，那么我们应该设定一个什么样的目标呢，这需要大家群策群力，然后朝着目标努力。

松代的街道水渠畅流

金箱家住宅

在白鸟神社的调查景象

　　这座城市拥有着非常优秀的资产，这份资产就是庭院和水渠，这是我们确立目标时应该考虑的。我们暂且用庭院这个词来代替资产，我们必须设法充分发挥它们的作用。不仅仅是庭院，我们还进行了建筑的调查。建筑方面从历史角度看，也拥有非常优秀的财产。我们就是要打造一个能够充分发挥建筑和庭院、建筑和历史作用的城市，这是最为重要的事情。但是非常遗憾的是，当地的人们却出人意料地并不知道自己拥有优秀的建筑。所以，让他们了解自己是我们的头等大事。

正确把握城市状况

庭院和建筑的调查意义非常重要。如果我们将首要目标确定在"加强对当地的了解"上的话，那么接下来应该怎样做呢？要了解情况，调查就是最基本的。各地都纷纷开始了行动，但其中很多是在没有掌握正确信息的情况下开始的。这就会造成"啊，弄错了"的情况。因此，松代应该清楚自己所拥有的财产是什么样的、具有历史价值的财产又是什么样的。要对这些财产开展调查。那些堪称具有历史价值的遗产、或历史性的资产，在松代即使仅限于与庭院、水渠、建筑相关的几个方面，也是极其非凡的。

下面我们将重点谈一下建筑，无论是庭院，还是建筑，最基本的还是调查。今天请各位聚集在这里，也是想将调查的结果尽快地、并且正确地让尽可能多的朋友了解。我曾经在各个地方都讲过，也一直拜托当地的有关人员，"要向居民传送正确的、最新的信息"。信息出现错误是万万不行的。并且信息过时也是行不通的。我认为我们必须让居民们了解最新的、而且是正确的信息。

在这个基础上，下一步又该做什么呢？工作进展不顺利的原因之一，是当我们最终将正确的信息、最新的信息转达给了居民后，居民们却因此而变得被动起来。这种情况经常发生。倘若信息是由自治体（町政府）转达的，居民们便容易出现一直期待自治体发布信息的情况。这样的话事情就无法发展。当信息发布后需要做些什么呢？居民们首先应该展开讨论，积极地集思广益，我非常希望看到这种局面。虽然我非常理解松代已经做了很多，但如果说还有些许不满意的话，那就是议论。议论的必要性仅次于信息发布本身。

那么，行政方面做些什么呢？行政方面需要大力支持，今天的聚会行政方面也给予了很大的支持。做行政并不是当领导。这对于行政方面来说也常常弄错，常常出现靠行政主导来推动的情况，这也是事情不能顺利进展的原因。最初看上去似乎是顺利的，特别是行政方面有一位得力的领导的话，按照他的指挥去做，看上去是不会有什么问题的。但是这样做下去迟早是要碰壁的。我们不能仅仅依靠领导，行政说到底就是支持。今天的这场活动在这点上就非常好。行政给予我们支持，而活动的领导就是各位居民们。这种形式是推动事情顺利进展的根本。

在这方面松代做得非常好。接下来我们需要专家的支持。我说过要有正确的、最新的信息，但正确的信息就十分需要专家们的支持。我这里说的是请专家支持，并不能依赖专家。居民们可以请专家支持，可以请行政支持，但主要做的还是自己，这就是推动事情顺利发展的根本。

具体的实施方法

倘若不思考具体的行动策略，永远停留在观念论上的话，事情就无法进展。松代的情况是参与的人数多，他们分成几个小组在行动。如果是观念论的话，常常会沦为观念之间的相互争论，这样就很糟糕了。我们有必要设定具体的行动策略。

在这里我想介绍几个具体的策略，首先最基本的是，对行政也好、专家也好不能单纯等待，应该强化意识，自己认为多少有些重要的事情那就是重要的事情，而且这个事情就是我们的出发点。例如当你考虑要确定某处为文化遗产时，你就不能认定文化遗产是由国家、县（在日本，县高于市，相当于中国的省——编辑注）、市等确定，然后下传到我们这里的，你必须认定文化遗产是我们自己认定的，我们要重点保护哪一个，哪一个就是文化遗产。在这样一个基础上，还有哪些具体的策略呢？下面我就来谈几个。

指定策略

有一种策略叫作指定策略。所谓指定，就是市里指定，或县里指定，再或是国家指定。我们进一步详细地看一下指定的含义，它包含了选定和注册。如果将这些都称作指定的话，就出现了国家指定、县级指定和市级指定,等等。理所当然,我们可以将指定作为一种策略来考虑。例如国家的文化遗产到底是什么,或许迄今为止从未考虑过这个问题的人不在少数,作为国家重要文化遗产的依据、标准有以下五个:工艺精湛、技术上乘、历史价值突出、学术价值突出、流派特征和地域特征显著。具备了这五条,就可以确定为重要文化遗产,确定为国宝。所谓国宝就是重要文化遗产。关于国宝也常常容易引起误解,国宝不仅是重要文化遗产,在重要文化遗产中特别珍贵的才可以称作国宝。关于文化遗产基本上就是这个标准。

如上所见,什么是重要文化遗产?其实并没有什么具体规定,只是一些非常理所当然的框框,这就把国家的重要文化遗产给确定了。也就是说国家重要文化遗产似乎是没有标准的,你只要考虑上述的五点就可以了。将这五条与松代的街区相结合来考虑的话,松代街区的文化遗产按照这种程度的宽松的、模糊的标准来确定就可以了。国家也是依据这样的标准确定的。因此,我们不用将事情想得那么复杂,工艺精湛、设计优秀或技术优秀、历史价值突出,这类的东西数不胜数。将这些数不胜数的东西当作为自己的文化遗产,确定为自己的文化遗产就可以了。

传统的建筑群保护区

此外,还有一个具体的操作办法就是确立传统建筑群,这也是国家所采用的一个方法。对于我们来说这个方法或许有些耳生,通常文化遗产指的都是单一的个体,人们将一个一个单独的文化遗留物称作"文化遗产"。但是具体到建筑物的情况,我们可以将其网罗在一个更加广泛的范围内,赋予它一个长一点的名称——"传统建筑群"。因为这个名称太长,所以通常人们将其缩略为"传统建筑"。还有一个具体的策略,就是设定保护区域。在保护区域中将特别重要的建筑群命名为"重要传统建筑群保护区",简称为"重要传统建筑"。这就是说把复数的、成群的建筑整合起来,将它们看作是文化遗产,人们俗称的"街区"就相当于这样的一个建筑群。松代保留下来的建筑也是非常成群的,因此还是先掌握整个城市的情况为好。下面的这种想法也成立,就是直接使用建筑群这个称谓。谈到国家的传统建筑群保护区如何设立的问题，首先在当地要先设定传统建筑群，这是事情的开始。地方不设定，就无法成为国家的传统建筑群。因此我认为街区自己先行动起来是必不可少的。

那么国家又是以什么样的规范和标准来选定重要传统建筑群的呢？其一，传统建筑群整体要工艺精湛；其二，传统建筑群及其区域划分要保持传统状态；其三，传统建筑群及其周边环境要具有明显的地域特色。这三点就是国家传统建筑群的标准。

第一是传统建筑群整体工艺精湛的问题，归根结底是指工艺精湛，这与国家指定文化遗产的第一条是相同的。

第二传统建筑群及其区域划分要保持传统状态。这里的区域划分有些难以理解，因为就算没有成群的建筑物留存下来的话，只要宅子所在的区域和建筑物曾经的占地等保留下来，就可以成为重要传统建筑。例如青森县的弘前，那里就是重要传统建筑，但当我们漫步街头时，感觉没有任何古老的建筑。这也属于占地保留完好的情况。所谓建筑物的占地和宅子所在的地域这种东西，不乘坐直升机，单凭在街上行走是看不到的，这也是街区本身一点都不像传统建筑群的缘故。但是那样的地方却成了传统建筑群。常常导致误解的是，很多人认为所谓的传统街区不应该是古老建筑鳞次栉比的状况吗，事实并非如此。没有鳞次栉比的古老建筑也没关系，只要那块地留着就可以。这就是认定传统建筑群的第二条。

第三是传统建筑群及其周边环境要具有明显的地域特色。这里周边的环境非常重要。松代是四周群山环抱，这是一个非常重要的因素。仅凭这一点松代在认定重要传统建筑群方面就拥有了重中之重。

所谓重要传统建筑群就是这些，就是这三条，因此并没有什么特别难办的。那么，针对第一条，松代的建筑物从整体来讲是否就是工艺精湛的呢？有工艺精湛的。第二条建筑物所在的区域和占地是否保留完好，这只要看一下当时的绘图和地图就清楚了，区域和占地在很大程度上保留完好。虽然有些地方已经消失，但从松代的整个城市来讲应该说保留完好吧。也就是说第二条看上去还是相当符合的。第三条周边环境是否具备地域特色，回答是肯定的。我觉得因为大家都觉得是理所当然的，所以对此几乎意识不到什么。虽然我们意识不到，但我请大家有意识地环顾一下四周，周围的环境非常完好，并且这个环境富有非松代莫属的地域特色。因此第三条松代是完全符合条件的。这也就是说松代具备重要传统建筑群的要素。倘若是这样的话，地方首先要认定并建立传统建筑群。这是必需的。

刚才我们谈到的市级指定、县级指定、国家级指定的文化遗产以及重要传统建筑群，关于这些的制度是与行政方面边磋商边推进的，仅仅是物业主打算如何、希望设法如何如何是不行的。市级指定的情况需要市的支持，县级指定的情况需要县的支持，国家级指定的情况需要国家的支持。因此我们需要一个更加灵活简便、又快捷的策略。

建议注册

这种策略就是注册。建议采取注册制度。要将自己的街区建设成景区可以利用注册制度。因为注册制度是一项便捷的制度，在此我稍作说明。

注册制度是一项国家制度，全称为"注册文化遗产制度"。关于注册制度有专门的说明书，面向公众发放，无论什么地方都会找到。长野县也应该有。说明书是文化厅编撰的，发至各个自治体，全国所有的行政区划都应该有。我们这里说的是"应该有"，非常遗憾的是，没有的地方仍然很多。所谓制度这种东西就是国家希望是一个样子，但是否能够贯彻到各个村落就是另外一回事了。这不仅需要时间，也取决于各个接受方的积极程度，所以难以贯彻的情况是情理之中的，遗憾的是说明书没有遍及每个角落。

注册文化遗产制度自建立以来，经历了相当长的一段时间，目前全国已有 3 700 项左右的文化遗产进行了注册。关于这些我想详细地介绍一下。所谓注册文化遗产制度究竟是一个什么样的制度呢？首先，文化厅将它宣传为是一项非常柔缓的制度，其目的在于发挥建筑的作用、弘扬文化，在利用文化遗产的同时，加以保护。也就是说并非不使用建筑，而是在充分利用的过程中施以保护，一边发挥其作用，一边保存。换句话说就是一项柔和的、缓冲的制度。

注册并不会给我们带来不便。常常有人认为一旦被认定为文化遗产，我们就会变得束手无策，充当了国家级的重要文化遗产后似乎连一根钉子都不能钉了，等等。这不是真实的。注册制度同样也绝不会给大家带来不便。假设我们按照注册文化遗产制度将建筑物进行了注册，并希望改建。此时我们是可以改建的，并没有不允许改建的禁令，只是要求我们当外观发生变化时需要注意。如果外观完全改变了的话，我们的注册到底是因缘于什么就会变得莫名其妙了。因此，要求我们在对外观进行改建时必须提出申请。令人不可思议的是，注册要求中写道：如果外观的改造不足四分之一的话，可以不提交申请。常有人开玩笑说，每次改四分之一，四次下来也就全部改掉了。所以说注册制度就是这样一项制度。当然它也没有写着可以每次改造四分之一，但四分之一的改建是不需报批这一点确是明文规定的。

让我们看一下认定的标准吧。建筑物必须拥有 50 年的历史：

一、对国土的历史性景观有贡献

·因具有特殊的爱称等而广受青睐

·有助于了解当地

·在绘画等艺术作品中出现过

二、造型别致，堪称典范

·形状设计上乘

·著名设计家设计以及著名施工人员参与施工

·众多相同建筑中的初期作品

·能够展示时代特征和建筑物种类特征

三、难以重现的建筑

·运用了先进的技术和技能

·运用了目前罕见的技术和技能

·形状和设计宝贵，同类建筑罕见

首先最基本的标准就是，50 年以上的历史，即建成后历经 50 年是基本的要求。如果没有这项标准，倘若有人认为昨日建成的房子非常好而申请注册文化遗产的话，我们的遗产就会泛滥，因此设定了 50 年这一标准。也就是说今年是 2003 年，只有 1953 年前的房子才可以申请注册。这种并不苛刻的基本标准就是最近才制定出来的。在 50 年这一基本标准下，文化厅有三项说明。第一项是对国土的历史性景观有贡献。那么到底如何理解对国家的历史性景观是否有贡献呢？下面又做了一些易于理解的解释。例如因具有特殊的爱称等而广受青睐。它所指就是类似红砖建筑、红顶房子之类大家普遍认同的建筑。那么大家又是谁呢？是城市居民。就是城市居民们人人皆知的"红房子"，人人都可以说"啊，就是那座房子"之类的建筑。这就是标准。接下来是有助于了解当地这点。它指的就是类似于"那边的那所红房子，就从那里转弯就行"之类的在解释当地情况时，大家都提及的建筑物。下面的第三点在绘画等艺术作品中出现过的建筑这点，它并不局限于绘画，像小说中描绘过的、或者是在某人的歌曲中被唱到过的，等等，都算在内。

第二项是造型别致堪称典范。它主要指造型设计能够成为范本的建筑。这一项中共有四点，第一点是形状设计上乘。第二点是著名设计家设计以及著名施工人员参与施工。这里所谓"著名"的提法非常模糊，它似乎指的是哪位有名望的建筑家建了这座建筑，或者是某个世人皆知的建筑公司建造了这座建筑。第三点是众多相同建筑中的初期作品。这里指的是普通建筑，建筑本身虽然普通，但却是同类中的早期作品。例如一幢木结构住宅，它的整体都是和式风格，只有玄关侧面的客厅是西式的，我想大家对这种住宅有所了解，我们将这类住宅称作洋馆。这是昭和初期流行的风格，只有客厅是西式的。昭和年代第二次世界大战之前的建筑中有不少选择了此类风格。其中早期的建筑便拥有一定的价值。第三点就是这层意思。其中还包含的一层意思就是我们在展示时代和建筑物的种类特征时，无论是地域特征还是时代特色，只要有特点就可以。

第三项是难以重现的建筑。这是指那些很难重新建造的建筑。首先是在卓越的技术和技能方面。或许大家认为这样的建筑并不多，但实际上第二次世界大战之前的工匠们所建造的东西都属这一范围。因为当时的木匠技术现如今正在消失，靠当时技术建起的建筑一并堪称使用了卓越的技术和技能。第二点是运用了目前罕见的技术和技能。这是指现在不大使用的一些方法。此外还有罕见的设计，相同的设计在别处罕见的情况。总之指的是那些形状奇特、绝无仅有、精雕细琢的东西。

上述的一、二、三项都不是非常困难的要素，而且并不是说一、二、三项都要齐备，只要有一项符合就可以。有一项就足够了。并且从种类上讲，既可以是住宅，也可以是寺庙和神社，也可以是工厂。大家认为不属于房子的建筑，如桥梁、烟囱、石墙、围墙等都可以。当然也包括门。如果您府上只有大门是古老的，那也可以成为注册文化遗产。如果院子里面都翻建了，只有围墙是从前的，那围墙也完全可以算注册文化遗产。

还有就是镇上的那座石桥。据说那座桥非常古老，自然这座桥也可以是注册的对象。还有一家从前的酿酒作坊，现在虽然关门停业了，但留下了一根旧式的烟囱，这根烟囱也算数。这样一来，我想大家一定注意到了我们的概念范围是非常广泛的。国家关于注册文化遗产的标准就是如此宽泛。

基本原则是历时 50 年。或许会有很多人觉得这样的房子要多少有多少，那就对了。就像前面所说的那样，我们就是不想令大家觉得不便，希望大家以一种轻松的心态，边使用边注册。所谓注册不是指定，只是登记在目录上。我现在所介绍的是国家的注册制度，有些自治体还有自己市和镇的注册制度，他们也不是指定，就像刚才所解释的那样，是以一种轻松的制度形式建立注册的目录。长野市现在似乎还没有注册制度。

提出注册申请的是房子的房主。反过来说，倘若没有房主的认可就无法注册。即使是指定也同样如此，房主不同意就不能指定，也无法注册。起决定作用的是房子的主人，是持有人，注册制度就是一种持有人接受的柔缓的制度，所以我想将其推荐给大家。我所说的这些并不意味着让大家按此操作，我首先想告诉大家的是我们有这样一种制度这个信息，请大家在了解了信息之后加以考虑。

制作步行路线图

无论是注册，还是指定，我们做这些到底是为了什么？如同开篇所言，是为了我们自己，除此之外另一个重要因素就是也有必要为来访者提供服务。以为来访者提供服务为名而使得我们的街区活力四射的话，最终受益者是我们自己。例如我们规划一条步行路线如何呢？

刚才我们颁发的彩色打印材料就是一份提案，其中包括三十分钟路线、一小时路线和一个半小时路线三项。说实话，松代已经有了步行路线，还有一条历史小道。只是那些并不太容易弄懂。来到松代的人们还是不清楚如何参观为好，恐怕到访者都会感到困惑。当他们困惑之时，我们制作一份类似步行用地图的东西，争取让他们人手一册。我曾经想这就是松代的一项课题。

如何解决停车问题

接下来是停车问题。城市的北部有一个停车场，如何将下车后参观老城的客人引导到街区中来是一个大问题。我认为如何建设停车场是居民们应该考虑的一个重点。我个人认为在南边也设一个停车场的话，容易设计步行路线，这一点作为课题请大家集思广益。

百姓文化遗产的设想

前面我们介绍了很多，基本含义就是凡是自己认为重要的东西，就一定是重要的。我想说这就是起点，这也是我到处走访时每一次都要讲的话。我认为我们自己觉得重要的东西就是文化遗产，但当地的人或许会认为说起来容易，我们都是外行，我们不知道什么重要。

外行也没有关系，自己觉得重要就可以了。接下来他们会说果真是这样吗？于是我说："无论怎样重要的东西，在认定之前都是未认定的。"也就是说，到底什么是重要的，其标准并不是认定了还是没有认定，而是自身的态度。在认定之前是没有认定，的确我们不知道它有多重要，因此在此我稍加说明。

有一样东西，它不属城市的文化遗产，或者说什么都不是，但假设它被认定为文化遗产。那么是否在被认定的瞬间它的价值就出现了呢？不可能是这样的。是因为之前它就拥有价值才会被认定。无论多么重要的物质在被认定之前都是未被认定的。因此认为未被认定的物质就是不重要的是不对的。那么我们该如何去做呢？我将那些未被认定的称作百姓文化遗产，百姓自己认定的文化遗产就是文化遗产。大家一定要按这种观点去推进。

行动起来，让我们的城市充满活力

前面我们说了许多，说这么多如果只是请大家来听的话便毫无意义。如果只是听，那我们就此打住。

我希望大家将我们的行动向前推进一步。从今天做起，迅速行动起来。目的是什么？目的就是让我们的城市充满活力。要行动起来，无论是谁。不要说自己不是专家，即使不是专家也请大家动起来。不是即将，而是从今天，最好从今天开始。如果大家都迅速地以这样一种时不我待的心态行动起来的话，我想松代的街道便将一步一步地向年轻迈进。

（《松代文化遗产的保留和利用》《松代——一个崭新的庭院城市指日可待》，非营利组织法人梦空间之热爱松代、建设松代会，2004 年 3 月）

这之后，松代在 NPO（非营利组织）的带动下，以注册百件文化遗产为目标行动了起来。2007 年 11 月，神奈川大学和 NPO 法人梦空间合作，在当地设立了城市建设研究所，这在本书的序言中已经谈到。2008 年 2 月还举办了纪念研究所成立的学术研讨会，今后的发展值得期待。

松代城市建设研究所建所典礼（画面中人物主要是 NPO 成员）

研究所建所典礼后的庆贺（按照松代的传统举杯庆贺）

4. 壱岐胜本（长野县）

分发入户的《壱岐胜本浦街区漫步读本》

　　壱岐位于日本列岛和朝鲜半岛之间，常常指称壱岐和对马两个岛屿。壱岐的北部就是港口城市胜本。如今的胜本依然渔业繁荣，村落围绕在港口四周。 受县和市的委托，从 2005 年开始，我们在山田由香里（时任职平户市教育委员会）的协助下，对这座港口城市的胜本浦地区实施了调查。为了向居民们通报调查结果，我们制作了小册子《壱岐胜本浦街区漫步读本》，分发到每一个家庭。小册子的写法就像诗作一样，句子短、换行多。这里我们抽取其中的一些内容作一介绍。

　　壱岐胜本浦街区漫步读本

《壱岐胜本浦街区漫步
读本》封面

我们的家园胜本浦。这是怎样的一座家园呢？

因为是我们的家园，所以只有我们最了解，也最感亲切。

重新走过家园的大街小巷，我们有很多新的发现。

让我们一起重新步入家园，让我们再一次了解我们的家园吧。

他乡的宾客们，也请你们在这本小册子的引领下步入我们的家园，

不是漫不经心地，而是更加亲切地感受。

胜本浦是座港口，这里拥有大海、渔港和渔船。

胜本浦全景

秋日的祭祀就是海的祭祀。

从港口西面的圣母宫出发，御轿向着御假堂乘船东渡。

轮船、港口、祭祀、大海中，祭祀使我们家园的历史鲜活生动。

秋日祭礼（停泊在港口的船舶挂上了大渔旗）

秋日祭礼

不仅仅是祭祀，还有繁荣的渔业。

背负着历史，我们的家园迄今充满活力。

家园围绕着港口扩展开来，沿港而下，您将步入街区。

小路蜿蜒，两旁是并排的建筑。

胜本浦的房子座座相连。

这种建构才是真正意义上的街区。

胜本浦拥有最优秀的街区。

让我们继续走下去，沿着街区走下去。

轿子走过街区

户户相连，紧密得没有缝隙。

所有的房子都是二层建筑。

临街的门面并不宽敞，入口也很狭窄。

但它们占地细长，内部深奥。

我们巧妙地利用地形，搭建了细长的房子。

通向内部的通道只有入口的三分之一宽。

我们将这条通道称作院子，院子连接着房间和房间。

我们将面朝小路的一面称作门面。

胜本浦的门面拥有怎样的特色呢？

第一个特色是屋顶。这里的屋顶全部是"人"字形。

房子最高的地方就是"栋"。

在胜本浦，栋和路是并行的。

屋顶上覆盖着瓦块，这从小路上几乎是看不到的。

胜本浦的房子原本就铺着瓦块，

二层小楼，人字形的屋顶，黑瓦覆盖。

这就是我们居家的二楼。

蜿蜒的小路两侧的房屋

折叠后的屋前长台

那么一楼的屋顶又如何呢？

入口处和窗棱上有个庇檐。

庇檐也都是黑瓦铺顶。

柱子支撑着庇檐。

柱子靠一块称作"梁托"的厚板支撑着。

而这梁托的设计却别有趣味，您路过时千万别忘了观察。

我们这里有着各式各样的梁托。

有单一的斜式木托，也有铁托。

大多是三角形的厚板。它们带有曲线，呈现各种形状。

梁托上施以雕刻，有家徽，有波纹，有旋涡，有云朵，还有植物。

整个街道就是一个梁托雕刻的展览馆。

梁托

第二个特色是二楼窗台的栏杆。

栏杆的功能是防止从窗口下落，但设计却式样纷呈。

一楼的窗子带格子，既遮眼目，又兼防范。

格子的设计非常俏丽，大小、间隔都经过仔细推敲。

梁托、栏杆、还有格子，很多城市也都有，

但三者齐全却是胜本浦的特色。

二楼窗外的栏杆

房子临街的一侧还有一个长台，只是现在很少看到了。

这个长台既可以摆放东西，也可以当作坐凳。

有时可用它来出售物品，有时可当作聊天的场所。

房子建在拐角时，会有两处正面。两处正面均为门面。

是的，门面就是建筑物的面孔。

不仅是拐角处的房子，街道上的每一座房子都富有个性。

与此同时整个街道还拥有整体感觉。

个性和整体感对街区来说最重要。

我们的家园中还有一些路面上看不到的建筑。

房子的背后还有"隐居屋"，还有厕所和浴室。

房子的占地细长，为了进入后面的"隐居屋"，入口处有一条通道。

　　通道称作院子或外间，用汉字书写的话就是"庭"和"土间"。

　　院子直接通到最后面，也叫通院。

　　从前通院的后面、船舶停靠的岸边都有个棚子，

　　棚子中摆放着船上的用具和捕捞到的鱼。

　　自从岸边修建了道路，棚子便消失了。

胜本浦正村的街道

　　面对着院子的是几间铺了榻榻米的房间。

　　从靠路近的数起，依次为"表间""中间"和"客厅"，

　　汉字分别书写为"表""中之间"和"座敷"。

　　倘若将分隔房间与房间的挡板拆除的话，便宽敞可用。

　　海边的房子连着大海，山脚的房子直插山崖。

　　海边叫滨町（滨之街），山下叫陆町（陆之街）。

　　从前的滨町身后便是大海，可惜当时的样子已经消失。

　　海边的房子和山下的房子结构相同。

只是从前海边的房子拥有直接出海的好处。

山下的房子出海时要穿过海边房子的院子。

昭和四十四年（1969）明治大学对正村家的房子做了调查。

其记录反映了海边公路开通前搭有棚子时的状况。

渔船拴在棚子处，山一侧房子的尽头晾晒着鱼干。

院子（外间）中祭奠着神灵（荒之神）。

现如今仍有家庭祭奠伟大的荒之神。

院子既是通道也是操作间，又是神灵所在的地方。

也是客人来时闲聊的地方。

客厅中有壁龛和橱架。

有的房子通向二楼的楼梯是带抽屉的盒子楼梯。

红漆覆盖的盒子楼梯不仅仅是楼梯，也是一件美丽的家具。

荒之神

平成十七年（2005）神奈川大学前来进行街区调查。
构成街区的房屋有明治前的，也有大正、昭和年代的。
这里拥有历史价值的建筑比比皆是。

入户调查的情景

我们的家园充满活力。建筑不断翻新，只要不舒适就可以改建。

这是理所当然的。

但是我们希望保护拥有历史价值的建筑。

历史的延续是我们家园的生命力。这十分重要。

在自来水进入街区之前，水井是生活中不可或缺的存在。

我们称水井为河流。

街区的东面水源富足，西边却要依靠水井。

虽然我们不再使用水井，但它曾经是我们的生命源泉。

它是我们家园的历史见证。

我们不仅要保护建筑，同时要保护街区的每一要素。

让我们观赏一下胜本浦的水井吧。

石造的水井分布在街区的各个角落。

有些人依然利用井水浇灌着花草树木。

永存的水井，难忘的水井。

水井之一（井口加了绳索保护）

街区中除了住宅还有神社和寺庙。

这些建筑凝聚了历史，是街区的要素。

圣母宫、印鑰宫、能满寺，这里我们无法一一道全。

请大家漫步街区时慢慢观赏。

据说神社靠近大海，寺庙坐落在山脚。

一点不错，就是这样。

看一下寺庙中墓碑的年号，的确非常久远。

它印证了胜本浦的历史沧桑。

牌楼、石墙、灯笼、石壁，这些石头建筑同样充满魅力。

刻在牌楼和灯笼上的年代，是我们了解街区历史的资料。

探寻这些石刻的年代，也是漫步街区的乐趣之一。

圣母宫的牌楼

圣母宫外的石墙

圣母宫的石墙非常美丽。

从前，大海漫过圣母宫的半腰，如今填海造地，景致别样。

为了防范波涛和狂风，圣母宫建起了石墙。

还有很多讲述街区历史的遗迹。

从前，捕鲸盛行之时，胜本浦有个捕鲸组。

这个组织就是捕获鲸鱼的组织。

还有肢解鲸鱼的处理场。如今遗址依然可见。

还有江户时代对马藩宅邸的石墙，

平户藩官府的大门，丰臣秀吉出兵朝鲜时的胜本城楼。

石墙

我们保存了讲述历史的各种文献。

还有朝鲜通信使留宿过的会馆图。

现在的正村还留有当时的会馆，那是一栋拥有很多房间的漂亮建筑。

平户藩主走访壹岐时的图上，

标记了从乡之浦到胜本城的路径。

这条路径和今天的路径相比既有相同处，也有不同处。

胜本浦还有几家酿酒的作坊。

虽然现在不再使用了，但红砖烟囱依然可见。

胜本浦的酿酒作坊

还有一栋红砖建造的房子，称作"红砖房"。

红砖房有一段时间出售药品，所以也被称作"药铺"。

这也是一座非常有特点的房子。

好吧，让我们一起漫步街区吧。

（《壹岐胜本浦街区漫步读本》，

企划、编辑：神奈川大学建筑史研究室，

执笔：西和夫，

企划合作：平户市教育委员会山田由香，

发行长崎县壹岐市观光商工企业课，2006 年 2 月）

这本小册子的撰写目的在于让居民们更加了解我们的家园，我们期待它能够使居民们重新认识我们的家园。对于来自其他地方的游客，这本小册子也一定非常有用。它可以用作导游手册。书中的内容以平成十七年（2005）街区调查的结果为依据，也有一些房子调查时存在，调查后便消失了。出于尊重历史的愿望，小册子中也包含了消失了的房子的照片。关于建筑物的详细资料记录在了街区调查报告书中。倘若将两本书结合起来看，将进一步了解街区的状况。

壹岐胜本浦的参考书籍有如下这些，其中有些书籍很难找到，因此可以参考这本《街区漫步读本》。

胜本町《胜本町史》（上）（下），昭和六十年；

川谷幸太郎《胜本浦乡土史》，平成八年；

后藤正恒《壹岐名胜图志》（下），名著出版，昭和五十年；

长崎县教育委员会《长崎县近代和风建筑—近代和风建筑综合调查报告书》，平成十六年。

5. 中山道鹈沼旅馆（岐阜县）

再现旅馆街

自 2005 年起，我们开始了对岐阜县各务原市中山道鹈沼旅馆的调查工作。首先对建筑物进行调查，弄清楚地域特色，然后提出整理计划。面对旅馆街几乎面目全非的无奈状况，我们提出议案，保护现存建筑，让城市建设延续历史。整理工作还在进行中，这里提出的是 2006 年汇总的调查报告。

鹈沼旅馆是从江户到草津的中山道上的第 53 家旅馆，位于现在的各务原市。它距离东面的太田旅馆（位于今美浓加茂市）二里，距离西边的加纳旅馆（位于今岐阜县）四里十町（1 里约 3.93 公里，1 町约 109 米——译者注）。

旅馆街东西走向有一条大路，整体由东町、西町和羽场町等构成。安政六年（1859）前后的《中山道宿村大概账》（以下简称《大概账》）中记载，"尾州领、美浓国各务郡、鹈沼宿、江户江百里三拾町八间，太田宿将式里，加纳宿江四里拾町"，"宿内町并东西江七町半八间，但，除地寺社地无之"。根据注明"天保十四卯年改"的《宿内人别》（住店人员登记——译者注），旅馆人数为 246 人，其中男 119 人，女 127 人。

另据《大概账》记载，天保十四年（1843）改的《宿内惣家数》（旅馆街房屋数量——译者注）中记载，房屋数量为 68 栋，驿站 1 栋，位于西町；副驿站也在西町，1 栋；旅馆大 8 栋，中 7 栋，小 10 栋，共计 25 栋。

旅馆街的告示牌高一丈，立在东町入口的北侧，据说上面书写的文字与细久手宿（自江户起的第 48 家旅馆，位于海拔 420 米的山中——译者注）相同。

旅馆街内有两条河流流经，一条是大安寺河，一条是金山河，河上分别架有木桥。大安寺河上的木桥是"带高栏，长八间余，横一丈，桥柱四组各三根桩"；金山河上的木桥是"长式间四尺，横一丈，桥柱两组各三根桩"（间、丈为长度单位，1 间约 5 尺 8 寸；1 丈约 3.03 米——译者注）。告示牌和两座木桥均由尾州藩负责修造。桥面宽三间，旅馆街内的修造也是尾州藩承担的。

此外，这条旅馆街的特色是"此旅馆处旱田比水田多"。的确，这里的旱田多于水田。据说原因是这里使用"蓄水井之水"，旱田用水少，依赖天上之水即可。"务农间歇开设旅馆，请旅客留宿"大概意味着旅馆和农业兼营，只是在农闲时才接受住宿吧。如同后面谈及的那样，史料显示旅馆就是"百姓之家"，我想事实印证了上面的解释。此外，"还有出售食品的茶店，以及各种商人"。

以上便是《大概账》上关于鹈沼旅馆的记载，日置弥三郎编撰的《岐阜县史》（通史编近世下，岐阜县，昭和四十七年）记载，"旅馆数量多于街内家庭数量是因为兼营农业的旅馆居多。（中间略）居民们专事农业，除小商贩外，商家很少，十分清静"。这一记载我想应该是在了解《大概账》的情况下所作的。

关于鹈沼旅馆《岐阜县史》《各务原市史》（各务原市教育委员会，昭和六十二年）《中山道》（藤岛亥治郎，东京堂出版，平成九年）以及桥本敬治郎的论文等已经论述了许多，遗憾的是关于那里的建筑，除了桥本的论文外，谈及的很少，即使是桥本，似乎也是由于史料有限并没有充分分析。

自 2005 年 4 月始，受各务原市的委托，神奈川大学建筑史研究室对鹈沼旅馆进行了现状调查和史料调查。到底能够在何种程度上再现并恢复当年旅馆街的情景，这是问题的核心。

鹈沼旅馆的范围

关于鹈沼旅馆的范围，正如前面《大概账》所言，东西七町半八间。虽然范围明确，但由于修建公路，路面加宽等原因，现在已经看不到当时的样子，仅凭东西七町半八间这一数字很难把握。

关于旅馆街，《中山道鹈沼旅馆并绘图》（旅馆绘图）、《中山道鹈沼旅馆街旅馆名单》（安政五年三月改）、《尾州御领中山道美浓国各务郡鹈沼旅馆》上均有关于东端和西端城门的记载。倘若记载中的城门保存下来，应该能够明确把握旅馆街的范围，遗憾的是并没有保存下来。并且如果旅馆街东面的告示牌保存下来的话，也可以参照《分间延绘图》（房屋分布绘图——译者注）等确认旅馆街的东边起点。告示牌也没有留存下来。尽管如此，我们依然有可能像下面这样推测东西两端的起点。首先是东端，如《分间延绘图》所示，道路过了旅馆街后立刻就向北转了个大弯，进入上坡路。从这个地方起《大概账》上的记载是"此宿道路东之方山坡也"。这一地形特点现在依然如故，几乎呈直角转弯的地方就是东边的起点。在转弯处供奉着宝历十三年（1763）的地藏菩萨。

此外关于西边的起点，现在西町和羽场町的分界就是紧靠空安寺东边的那堵石墙，有人说那堆石头是城门的遗址，石墙以东就是西边的起点。总之无论东边，还是西边，今后如果进行发掘等详细调查的话，我想会进一步确认确凿的遗址。

现在的鹈沼旅馆街
（从京都方向看江户方向）

具有历史意义的商铺并排的画面

调查时的情景
（拓取檐下梁托拓本）

流经街区的水渠

鹈沼旅馆街靠近中央的地方有水渠。

据《分间延绘图》记载，大安寺河的东西各有一条水渠，东边的水渠在大安寺河略靠东的地方，从路北流出，在靠近路中段的地方向东转弯，流经街区中部，来到金山川附近，再向右折，离开街区。西边的水渠从大安寺西侧、驿站靠东的地方流出，经街区的中央向西转弯，在神社附近（现二宫神社）、"秋叶灯笼"的边上由引渠引向路南，离开街区。这个地方还有另一条水渠径直向西流去，流经很远的一段后才消失在视线之外。

关于水渠，横山住雄说"明治以后水渠就干涸了，没有人知道它们的存在"。但事实是明治时代水渠并没有干涸，进入昭和后仍然存在，有很多人记得当时的情景。

此外，横山还说"《分间延绘图》（中山道）最珍贵的就是路的中心修有水渠吧"。但是儿玉幸多曾指出，"街道的中央或两侧修建水渠是很普通的"，按照这一说法，鹈沼旅馆街的水渠其实是很常见的。从现存的例子看有海野旅馆（北国大街，长野县东御市，水渠流经路中央）、大内旅馆（会津大街，福岛县下乡町，水渠流经路侧面）、大和郡山（奈良大街，奈良县大和郡山市，水渠靠近路中央）、岛原（岛原大街，长崎县岛原市铁炮町，水渠流经路中央）、熊川（若狭大街，福井县上中町，水渠流经路侧面），等等。

根据我们调查时听取的安田新作、梅田昭二的介绍，水渠在大安寺桥上流截住了大安寺河，从那里将水引出。大安寺河西侧的水渠流经驿站的院子，穿过外墙向街路流去。渠中水量非常丰富，孩子们可以在水渠中游泳，据说夜晚如果你睡在靠路边的房间的话，水流声会非常喧闹。另外据小林真澄讲，大安寺河东边的水渠由于路还没有铺好，会有一些灰尘，人们从水渠中打水泼路。

鹈沼旅馆的构成

能够表明旅馆构成的史料有下面三种：一、《中山道鹈沼旅馆并绘图》（樱井家文件）；二、《中山道鹈沼旅馆街旅馆名单》，安政五年（1858）三月改（樱井家文件）；三、《鹈沼旅馆并绘图》（中岛家文件）（以下简称史料 A、B、C）。三种史料中记载最详细的是 C，上面绘有建筑物的平面图。

C 的另一标题是《尾州御领中山道美浓国各务郡鹈沼旅馆》，旅馆的数量为 611 栋，其中有 302 栋是临街旅馆，此外驿站总部 1 栋，驿站分部 1 栋，街内旅馆 97 栋。榻榻米房间面积 699 坪（每坪约 3.306 平方米——译者注），草席地面房间 458 坪，木地板房间 158 坪，土地地面房间 827 坪，未铺设地面的房间 3 125 坪。

旅馆街的东西两端建有城墙，两端城墙之间（相当于旅馆街）的建筑全部体现在平面图上，在每一房屋主的名下都标明了房屋正面的间数、纵深的间数、占地总坪数等。

关于房主的身份还分别标注了"农户""木匠""旅馆经验者""茶铺老板"等，以显职业。此外，路的北侧有驿站总部、商店、樱井吉兵卫住所等，路的南侧有驿站分部、商店、野口定兵卫住所等，这些建筑只标明了占地，并没有平面图。只是驿站总部和分部我们推测还应另有图纸。当然还有"神职、神原兵库"和"东庵"的二人住宅的平面图。"东庵"在史料 A 中记载的是"健斋"，好像是一名医生。

平面图中详细地标记了各种房间的大小，如榻榻米房间有八铺席或六铺席等，席子地面的房间铺席子的张数，土地地面的房间有七坪半，等等。房间中的拉门、灶台、茅厕都用记号标出，小一点的茅厕以三角形、大一点的以四角形加以区别。室内室外均有茅厕。此外记载中还有壁橱、寝台、架子、柜子、水池、浴室、玄关、灶间、廊檐、庭院、大门、小房、柴房、仓库等。大一点的茅厕有的还附带"积肥场"。

史料 A 中标记有"百姓家"字样的房子很多，我认为这指的是农户。

旅馆主的职业

如果仅限于城墙到城墙这一范围，房主们的职业在史料 C 上标记的是农户 67 家，木匠 2 家，旅馆业 10 家，茶馆老板 6 家，共计 85 家；史料 A 上标记的是农户 72 家，木匠 2 家，旅馆业 8 家，医生 1 家，理发店老板 1 家，商店老板 3 家，共计 87 家。可见农户占了绝大多数。这一点构成了鹈沼旅馆的一个特色。

农户中有的标记着姓名，其中一位叫横山周平，住街道南侧，靠近驿站分部的东边，他家的房子正面横向有 12 间房，纵深 15 间半，总面积是 230 坪。宅邸的后面（南侧）有一道门，可以推断这栋房子的设计是带"后门"的、门两侧为房子的形式。关于这座房子，史料 A 的记载是"年长、农户、横山周平"，由此看来是一位年长者。令人饶有兴味的是临街的一面有一架水车，水车后面是一间小屋，除了茅厕和水井外，还有储存味增酱的房间。如果有水车的话，应该伴有水流，但从史料 C 和史料 A、史料 B，还有《分间延绘图》上都没有得到确认。

"扣"（备宅）和 "后家"（遗宅）

如同 "（驿站）樱井吉兵卫扣" "旅馆屋野口定兵卫扣" 一样，有些房子写着 "扣" 的字样。"扣" 同 "控"，其含义为 "为防不治之用，未雨绸缪，以及用于未雨绸缪之物、之人"。当驿站总部和分部因故不能使用时，临时设立的驿站就是 "控驿站"，"除原宅邸之外以备不测之需而设置的宅邸" 就是 "控宅邸"。在鹈沼旅馆街，"扣" 指的就是樱井吉兵卫和野口定兵卫除自家本宅之外所拥有的宅子和建筑。标记着 "农户金兵卫后家" "农户佐兵卫后后家" "农户市良右卫门后家" 的是指 "与丈夫永别后女人们居住的房子，或者是寡妇住守的老房子"。无论是 "扣" 还是 "后家"，其数量并不多，从占地和房子的规模看，"扣" 相对大一些，而 "后家" 则相对小一些。

鹈沼旅馆的建筑

从对现存住宅的调查结果看，梅田吉道家的主宅建于江户时代后期，其余大多建于明治时期，还有的是大正到昭和初期的。

坂井家住宅的现状和所收藏的古图可以分为四个阶段，天保七年（1836）和嘉永五年（1852），还有排在天保和嘉永后面却无法确定何年代的以及当代的。经过比较研究，坂井家住宅的现状充分反映了以前的状况。

住宅包裹着生活。被住宅包裹着的生活很少会突然地、和从前毫无关联地发生彻底的变化。生活的衔接性是很强的，即使家庭的构成发生变化，家庭中的习惯和传统将延续下去。而且，由于人们根据当地的气候和风土建造住宅，所以即使重新翻建，常常也是要反映出从前房子的样子。

由于浓尾地震等各种原因，构成鹈沼旅馆的建筑中能够追溯到江户时代的并不多，人们珍重明治到昭和初期这段时间的建筑，一直在策划保护措施，因为依据前面所讲原因，这些建筑并不意味着它们的历史价值就低。

关于今后的保护措施

目前，各务原市为了将鹈沼旅馆的历史面貌传承下去，正在规划修建和整理的工作。这项工作首先从判断是否有保护价值开始。假设旅馆街已经基本面目全非，那么即使我们想修缮也无从入手，想保护也没有可保护的对象。但是幸运的是，调查结果使我们判明旅馆街除了建筑物外，还留下了充足的反映街容的东西。而且借助史料，我们还了解了幕府末期的状况。由此我们认为修缮和整理的意义是很大的。那么我们应该以什么为核心进行修缮整理呢？当然应该从尊重历史的角度出发进行修缮，但具体说来又是哪些东西呢？

第一，最重要的是修整建筑，以最清晰地展示旅馆街的状态。目前保存下来的建筑要格外珍视，对于那些改动比较大的建筑，要利用今后的改建等机会一点一点地完善原有的氛围。此外，对于那些史料充分的建筑也可考虑复原和整修。这里称得上是最强有力武器的史料就是前面所提及的史料C。通过史料C可以了解旅馆街上所有建筑的平面，平面了解后建筑物的构造和外观便也清楚了。因为民房（也包括商铺）只要平面清楚，构造和外观就容易把握。

第二，需要修缮道路上的各种设施。我们现在基本能够判明西边城墙的位置和形状，可以将其修复起来。布告牌也同样，不仅仅是位置和形状，就连数量和上面书写的文字内容都已经了解，因此完全可以将它们再现出来。此外，现存的很多石头制品（地藏菩萨、石碑等）需要加强保护，附上解说，让人们了解它们的来龙去脉。

第三，实际上这也是最为重要的一个问题，就是必须修缮道路，使其安全、易行，并富含历史气息。目前的状况是来往车辆川流不息，就连步行至对面都伴随着危险，因此需要采取根本性的措施，或划定单行路，或另辟侧路，等等。

第四，在前面言及的改善交通状况的前提下，我们希望修复水渠。水渠一直留存至昭和三十年代，因改善交通而被填埋。要恢复以前的状况。近几年韩国首尔恢复了清溪川，我们并不是以此为例强调恢复，而是我们对于城市中水源与绿色的重要性的认识越来越高。我们国内也有不少城市，如厚木市等，也正在着手解决这一问题。

第五，就是对于食品与土地的再认识的问题。我们要将鹈沼旅馆周边曾经深受人们喜爱、非常流行的料理发掘出来，让它们重新显身。通过调查，我们已经了解到盒子寿司（模压寿司——译者注）在此深受欢迎，不仅各家各户烹制食用，小学开运动会等时候，大家还集体品尝。很幸运，烹饪的老师傅们还都健在，据说很多家庭还保留着制作盒子寿司用的盒子。所以现在完全有可能使其再现。并且当地的酒酿造业也还存在，可以美酒佳肴合力登台。请到访的客人品尝这样的美味，一定会为宿场增添魅力。此外据说松尾芭蕉曾到访过这里，还建有俳句石碑。只是目前对此的研究还不太充分，期待今后对于文学的研究以及对于民间传说等民俗学的研究进一步深入展开。对于这一地区的故事性的认知一定会成为印证旅馆街魅力的重要因素。

　　前面我们讲述了弄清楚中山道鹈沼旅馆幕府末期的情况后，如何继承历史进行修缮整理，如果能对认识鹈沼旅馆的历史价值、保护和修缮整个街区能起到一些作用的话是再好不过的了。这项研究主要是神奈川大学建筑史研究室全体成员调研的结果，史料的分析和图表的制作得到了研究室研究生和大学生们大力支持，在此我们给予说明，并一并表示感谢。

（《中山道鹈沼旅馆幕府末期的形状——以探讨建筑物复原为中心》
《历史和民俗 22》，神奈川大学日本常民文化研究所编，平凡社，2006 年 3 月）

向各务原市市长讲解鹈沼旅馆的主要建筑旧武藤家住宅的改建计划方案

调查旅馆街内保留下来的水渠

恢复水渠的提案照片（在现状的基础
上，综合研究了各地的水渠等后制作）

菊川酒藏的外观（期待今后成为旅馆
街具有魅力的一角）

鹈沼旅馆保留下来的酿酒作坊、菊川酒藏的内景

旅馆街的状况

从史料可以看出，鹈沼旅馆街大路两边建筑物的排列并不十分密集。《日本历史》记录了这一情况，在此略作转载。

听到旅馆街这个词，或许很多人会联想到沿道路两侧建筑物连绵的场景。

国语辞典中对旅馆街的释义是"通常的状况是旅馆沿大路两侧成带状绵延"（《日本国语大辞典》，小学馆，全20卷，1972—1976）。历史辞典的释义是"以公务差旅住宿为首要目的的沿道路排列的街区"（《日本历史大辞典》，平凡社，1993）。两者都认为旅馆街就是街区。

关于街区的释义是"街道上房屋鳞次栉比的样子以及那样的地方"（《广辞苑》第四版，岩波书店，1991）、"以街路为中心的城市街道的形状。一般指道路和沿道路排列的建筑群"（《建筑大辞典》第二版，彰国社，1993），因此所谓街区，可以理解为沿道路房屋鳞次栉比地排列着的地方。

我研究室的一位研究生曾经在对某个街区的建筑从历史角度出发

进行调查后，在论文题目中使用了"街区"一词。该论文对沿街的所有房屋进行了调查，排除了最近新建的房子后，聚焦历史性建筑展开论证。当他将地图上所标出的作为研究对象的建筑物在论文发表会上进行说明时，受到了评委教授的批评，"作为调查对象的建筑物并没有连在一起，所以使用街区一词有些牵强，街区指的是排列在一起的情况"。论文作者的调查确实是以所有建筑物为对象展开的，因此使用街区一词是完全无妨的，批评只不过是教授的误解，但可以看到这里也反映出了人们对"街区"一词的一般性理解。

如此这般，旅馆街就是街区，也就是说通常的理解就是房屋沿道路两侧排列开来，但实际上建筑物不相连贯，所谓的存在缺口状况的旅馆街也确实是有的。在此我们就举一实例吧，中山道鹈沼旅馆就是这种情况。旅馆街有一条基本呈东西走向的道路贯通，关于这条路，《中山道宿村大概账》记载的是"街区"东西长七町半八间，即约800米，这里"街区"一词的使用引人注目。附近靠东边的太田旅馆街和再远些的伏见旅馆街等使用的都是"旅馆街内街道"的表达方式，虽然只是《宿村大概账》上的一个普通表达用于了鹈沼旅馆街，却也表示出了在旅馆街使用"街区"一词是非常正常的。

但是，鹈沼旅馆街旅馆并不相连。

《中山道鹈沼旅馆并绘图》[中岛家资料，各务原市教育委员会收藏，年代约在安政五年（1858）左右]上标示了沿道路两侧的所有房屋的占地和建筑物的平面图，清晰地展示了鹈沼旅馆街的状态。据此，我们不仅可以详细判明建筑物的状况，还可以了解沿道路两侧的占地的情况和房主的姓名。这里值得我们关注的是，在道路两侧的一些地方有"水田""空地"和"树丛"，建筑物并没有相互连接。当然也可以认为空地是建筑物拆除后造成的，但至少从图上看建筑物是不相连的。

这种状况通过宽政十二年（1800）幕府编撰的《分间延绘图》中对于鹈沼旅馆的描绘得以确认，道路两侧建筑物相连的只有大安寺河的西部一带，为数非常少。

可见，至少从宽政到安政时期，鹈沼旅馆街的房子是不相连接的。

而另一方面，建筑物相连的旅馆街的情况却是大多数。以中山道为例，马龙（岐阜县）、妻龙（长野县）现在也可以确认为街区，柏原（滋贺县）、醒井（滋贺县）也是建筑相连。当然所有这些建筑物并不一定都是江户时代的产物，我们也目睹了修缮后的景象，但总体来讲它们带给我们的则是"所谓街区就是建筑物相连"的印象。

以上例子令我们觉得鹈沼旅馆街或许是个例外。虽然在不了解这种建筑物不相连接的旅馆街在当时到底有多少的情况下，无法断言这就是例外，但仅从鹈沼旅馆来看，整个街道的建筑都是不相连接的。

也就是说"旅馆街并不一定就是旅馆相连的街区"。

（《日本历史》第704号，2007年1月）

这之后各务原市开始了街区整修，首先修缮旧武藤家的住宅，在将其用作街区步行观光的休息站的同时，也兼做展示，2008年5月鹈沼旅馆街步行观光揭开序幕。同时对旧驿站分部建筑的修复整理工作也于2008年按计划进行着，并着手具体探讨水渠的修复工作。

鹈沼旅馆街开街庆典（地点为旧武藤家住宅，各务原市在调查的基础上按照提议的修缮计划对其进行了修缮整理）

6. 长井（山形县）

长井的街道和历史

2006 年开始实施长井的街区调查。调查由当地山形工科短期大学副校长小幡知之（研究室毕业生）牵头，在非营利组织（NPO）和商工会议所配合下展开，目前正运用调查中获得的成果致力于街区建设。2007 年神奈川大学和"非营利组织（NPO）法人长井街区建设非营利组织中心"合作，成立了"街区建设研究所"。2008 年 3 月举办了纪念研究所成立学术研讨会，为配合研讨会的举办，制作了《观光导游图》。为了便于理解和使用，导游图在时任研究生的大川井宽子的帮助下，设计了很多配图。这里我们将文字抽出部分作一介绍。

前言

碧波荡漾、绿意盎然、鲜花盛开、历史沧桑，这就是我们的长井。在长井，长井街区建设非营利组织中心和神奈川大学通力合作成立了街区建设研究所。这本小册子就是为纪念研究所的成立，为重新认识和发现街区的魅力而制作的。

长井是一座富含魅力的城市。最上川流经她的东侧，流入她的街区，奉献给我们一种称作梅花藻的水藻。远处的山脉呈现出四季不同的美景，街区中菖蒲、白杜鹃、樱花等应季盛开。

我们还拥有我们的庆典"狮子祭"。我们的食品、饮料独具特色。我们街区的角落留存着古老的船运历史以及各色各样历史痕迹。让我们突出历史的沧桑，共同推进"历史古城的街区建设"吧。现在我们就来看一下我们的街区建设需要做哪些事情。

街区的构造——道路

要了解街区的构造，最好先看一下道路。

现在的路基本是在江户时代的基础上从明治到平成经过多次修整后的状况。道路修建本身也是历史，但是通过现状窥望历史是非常困难的。

如今的长井街区构造，看上去像围棋棋盘，但回看过去构造极其简单，只有一条公路穿过街区的中心。

当然一条公路也是历史。

街区构造——河流和水渠

要了解街区构造，还需要看河流和水渠。

长井是一座水资源丰富的城市。日常司空见惯的那些水渠到底是什么时候开始存在的呢？

虽然今日的长井水渠也非常多，但忆往昔，整个城市水渠遍布。小出村至今留存着古老的水渠，特别是荒町附近很多地方的河汊和从前一模一样。

仅从河流和水渠就能窥视长井的一个侧面。

野川和堤坝的历史

当我们观察宽政十年（1798）至文化十二年（1815）期间所描绘的地图时，会注意到野川的流向和现在有所不同。从前野川沿菖蒲公园和总宫神社的高地向南转一个大弯，现在的幸町和清水町几乎都是野川的河床。

如今野川的流域遍及130平方公里。其中百分之八十为山岳地带，并且还都是深凹的溪谷。从前一遇大雨，河水上涨，下流农田和房屋洪水泛滥；而现在的野川在昭和二十九年（1954）修建了管野水库，昭和三十六年（1961）修建了木地山水库，避免了洪水的危害。

昭和二十九年水库建成后，野川的河床下降了10米左右。从平成二年（1990）开始，人们砍伐了堤坝上的杂树丛，我们可以清晰地看到江户时代中期的拦河大坝。

長井の歴史と魅力

―「歴史を生かした町づくり」を目指して―

2008年3月
神奈川大学・ながい まちづくり研究所

长井街区观光导游册

水渠之城——长井

鲜花盛开季人声鼎沸的菖蒲公园

十日町的街区

荒町街道一景

旧西置赐郡政府

明治十一年（1878）山形县内分 11 个郡，明治十一年至明治十四年各郡建起了一栋郡役所（政府办公楼——译者注），共计 11 栋。西置赐郡役所建于明治十一年（1878）。明治时期的郡役所现存的有 4 栋，其中最早的就是西置赐郡役所。

郡役所的旁边曾经是明治十四年（1911）建造的西置赐郡议事堂。虽然议事堂的建筑已经消失，但老照片依然保留着。它是当时西置赐第一座真正意义上的西式建筑，二楼为议事堂，一楼是议长室。郡制废除后，它成为了西置赐郡教育会馆，太平洋战争结束后建立长井市，它是长井市中央公民馆，后又变成长井市立图书馆。这座建筑物的消失是非常遗憾的。

长井小学

昭和八年（1933）建造的长井小学是一座历史久远、设计精彩的建筑。

最早的长井小学位于现在的车站前大路的中央，朝东呈"匸"字形。随着学校的位置改变，建筑物的形状也发生了变化，现在这座颇受居民们珍爱的木结构建筑非常珍贵，值得我们认真保护。

最上川的船运业

米泽藩为了将物资从京都运往江户，最佳的办法就是利用最上川进行船运。但是荒砥河下游的黑龙潭水流湍急，无法行船，元禄七年（1694）终于突破了险境，使船运变为可能。宫村船只停泊场是从河口酒田逆最上川而上的船运航道的最后一个港口。虽然船只要前往上游的糠野目，但这仅限于河水涨潮期，大多数时候船只只到达宫村停泊场。

旧西置赐郡役所（明治十一年，二楼中央的窗子镶嵌着彩色玻璃）

长井小学（建于昭和八年，是一座粉红色的可爱的木结构建筑）

苎麻仓库

苎麻和漆同为米泽藩最重要的特产。苎麻也称"青麻"，是一种野生植物，其纤维可以用作制衣的原料。作为一种重要的经济作物，人们开始了人工种植。

收获的苎麻收藏在荒砥的苎麻仓库中，捆成捆儿，向米泽的苎麻仓库运送，再由那里运往京都和越后等消费地。宽文三年（1663）宫村也开设了苎麻仓库。宽文六年（1666）荒砥的苎麻仓库废除，只剩下了宫村苎麻仓库。仓库的旧址位于现在的大町，旧西置赐郡役所（现小樱馆）的东侧，现在那里是一片空地，只保留下了被认定是苎麻仓库正门的那扇门。

蜡也是一项大的收入来源。元禄三年（1690）小出村建立了制蜡厂，宽政八年（1796）制蜡厂失火后，于宽政十年（1798）迁移到宫村，文化十二年（1815）再度迁入小出村（现位于片田町）。

明治五年（1872）置赐县废除了关于树木果实的制度，第二年，官府宣布通过竞标出售"小出村元制蜡厂"的建筑和用地，明治九年（1876）制蜡厂留下"元制蜡厂"和"元制蜡厂用地"两个名称后退出了小出村的历史舞台。小出村制蜡厂的遗址上仅仅留下了稻荷神社（现片田稻荷）的小祠堂。

铺着茅草的传统住宅

现在仍在营业的山一酱油店

米泽织法的织机

调查间隙，于山一酱油店内的小憩场景

鲜花与公园

荒町的白杜鹃公园据说始建于天明三年（1783），为拯救荒年中饥饿的人们，铃木七兵卫在园内修建假山，种植了琉球白杜鹃，当时的杜鹃被称作"七兵卫杜鹃"，就连邻村的村民们都自带午饭前来观赏。

小出公园是明治十七年（1884）、明治十八年村民们提议整修的。他们挖掘池塘，在池塘的中心岛上栽植松树，并命名"松池公园"。明治二十四年（1891）又收购了周边的水田，计划移植一直深受欢迎的花匠世家铃木七兵卫的琉球白杜鹃的古树。虽然移植遭遇了许多困难，但明治二十九年（1896）终于获得成功，现在每到五月便可以观赏美丽的白杜鹃花了。

菖蒲公园据说始于明治末期茶铺老板金田胜男为前来喝茶的客人种植的观赏用菖蒲。

明治十五年（1912），为了建设国营铁路，借砍伐杉树林之机，居民们产生了建设一座能和"小出的松池公园"相媲美的公园的想法，大正三年（1914）五月正式建园，起名"菖蒲公园"。大正十二年（1923）国营铁路长井线延长至荒砥，全线开通后，菖蒲公园的游客也多了起来。太平洋战争激战之昭和十八年（1943），为了增加食品产量，这里变成了白萝卜和芋头的种植地。昭和二十三年（1948）菖蒲公园实施了修复计划，居民们为公园的重建而奔走，他们从埼玉县的安行购入了500株菖蒲树苗，使我们今天得以重见美丽的菖蒲园。

森真由美应邀参加的为纪念街区建设研究所成立而举办的学术研讨会（2008年3月6日）

花之长井线

充满诗意的花之长井线也富含历史。大正二年（1913）从赤汤到梨乡间的简易铁路开通，第二年这条铁路线延长至长井。大正十一年（1922）长井到鲇贝，第二年鲇贝到荒砥也相继通车。现在的花之长井线是昭和六十三年（1988）从长井线移交过来的第三支局的铁路。

长井线沿线还有羽前成田站等大正时期的车站建筑。由于改建，虽然长井火车站的建筑本身历史并不久远，但框架还是以前的，现在能够传承历史的老旧车站全国已经所剩无几，因此我们希望长井线和长井车站都能得到保护。

（2008 年 3 月在大川井宽子的帮助下，制作了《长井的历史和魅力——以拥有历史感的城市建设为目标》的观光导游图。导游图参考了《长井市史第二、第三卷》以及《长井市民的故事之第 16 集菖蒲公园的故事》）

二、建筑物的复苏

佐贺城城郭御殿（佐贺县）

足利学校（栃木县）

神奈川大学（神奈川县）

旧染井能舞台（神奈川县）

三溪园原家老宅（神奈川县）

出岛荷兰商馆（长崎县）

1. 足利学校（枥木县）

日本最古老的学校

在建筑物复原的问题上，我们本着"忠实于历史"的原则，依据史料深入研究，严格实施。因此复原后的建筑物是一种学术性的、具有研究价值的存在，它们以一种易懂的形式反映了我们的研究成果。不仅清楚明了地向大家展示了这幢建筑是怎样的一种样式，同时还说明了建筑物所处年代的技术和匠心以及使用方法等。那么为何要复原呢？其最大的理由就是前面所讲内容，当然倘若有更多的人为了观赏复原后的建筑而到访这里的话，其结果也有利于旅游业的开展。这样便会对活化城市带来积极作用。要做到这一点，从复原的初始阶段就必须考虑建筑物的修复在活化城市方面具有何种意义。换言之，必须将建筑物的复原理解成街区建设的一个环节，也就是说，复原本身和街区建设密切相关。下面就结合我所参与的事例对此问题展开探讨。首先我们先来看足利学校的复原，这项工作的基本设计是由我负责的，时间是 1986 年到 1990 年，我先介绍 1995 年写下的报道。

枥木县足利市位于渡良濑川边，是一座拥有悠久历史的宁静的城市，以日本最古老的学校而驰名的足利学校位于这座城市的中心。一直以来市民们以学校为荣，将它称作"学校先生"。

紧挨着足利学校的是鑁阿寺，寺庙所在地是原足利家族的宅地，周围沟渠、土垒环绕，至今仍然显示出一派中世土豪宅邸的风情。寺庙的旁边曾经是市立东厢小学，它的历史也非常悠久。自明治十八年（1872）颁布学制以来就有了这所小学，是足利近代教育的发祥之地。对市民来说，小学是一种极其亲切的、重要的存在。而这所东厢小学的所在地，才是真正的足利学校的遗址。小学建在日本最古老的学校遗址上虽然是再正当不过的了，但这也使得事情变得复杂。

足利市计划重建市民们引以为豪的足利学校，因为倘若没有学校的形状，即使告诉大家"这里是日本最古老的学校"，也难以想象，所以学校的建筑至关重要。但这样就要将小学迁移到其他地方。当计划公布后问题也随之出现。这所小学始于明治时期,拥有众多的毕业生。他们发起了强烈反对的运动,不同意将母校随意迁移。

纠纷持续了 12 年,终于尘埃落定,决定重建足利学校,昭和五十六年(1981)计划开始实施。正因为历经了旷日持久的争议,所以市民们对如何重建非常关心。从结果来看这是一件大好事,它不允许我们对重建有丝毫的马虎,要历史性地、真实地还原。

当重建的基本构想落实后,为实现真实的还原,我们实施了发掘调查,这项调查一直持续到 1988 年。在发掘的同时,还进行了文献史料的调查,在综合这些发现的基础上,进行了重建的基础设计,并推进施工设计。重建工程自 1988 年开始,于 1990 年结束。

以上便是重建的整个过程,基础设计由我负责,施工设计和工程监理拜托给了波多野纯(日本工业大学)。

前面已经反复提及,足利学校是日本最古老的一所学校,但这所学校到底是何时创建的,我们并不清楚。关于此,有几种说法:一是国学残余说。所谓国学通常多指江户时期本居宣长、平田笃胤等所作的学问,但此处的国学则是古代的地方教育机构。这种教育机构的主要目的是培养官吏,各诸侯国都设立一所国学。由于下野国的国学曾经设在足利,所以足利学校很像是这种体制下的产物,由此便产生了足利学校继承了这种体制的说法。但最近的发掘调查发现国学位于足利学校的东南、距离足利学校还有一段路程。国学残余的说法似乎不能成立。

第二种说法是平安时代文学家小野篁创建说。这一说法自古有之,它的依据是小野曾被称作野相公,但这里的"野"是小野的"野",与下野国毫无关联,而篁本身就指参议,所以才被称作野相公。这一说法也不成立。

除以上之外还有源氏足利创建说和镰仓初期的足利义兼创建说。传说身为下野守的源义家在足利拥有庄园,其子义国在京都战败后晚年回到足利,并在此终其一生。义国之子义康继承了足利的领地,并改姓足利。义康之子义兼扩建政治势力,创建了足利学校。这一说法虽然也少有印证的史料,但我们认为它是有可能的。

有关足利学校的创建并不明朗，但室町时代的隆盛却是事实，天文三年（1534）的史料记载有"学生 800 余人"，弗朗西斯科·扎比艾尔（第一个在日本传播基督教的传教士——译者注）在天文十八年（1549）年的信中写道这是一所全日本最大、最有名的学校。这以后直到江户时代学校一直保持了繁荣，从江户时代中期开始渐渐衰落。

从以上历史看，我们希望重建后再现室町时代的面貌，但遗憾的是，发掘后的发现以及文献史料都只有关于江户时代的记录，所以这次重建从设计图纸到施工图纸等都还原了历史上史料最丰富的宝历六年（1756）时的样子。

关于重建工作的细节因有专门的报告，在此不作赘述，我们确实遇到了很多难题，例如屋顶铺茅草，如何才能不与消防法对立等。设计上也同样，为了尽可能地尽如人意，相关人员都付出了很多努力。令我们感到骄傲的是，我们的设计被日本建筑学会收录进《作品选集1992》，我们的努力得到了肯定。

（INAX REPORT 120 号《特集 日本最古老的学校足利学校》，1995 年 10 月）

从土垒外东南方向看足立学校全景

足立学校的外观（方丈和卧房）

方丈内部

重建与创造——与内井昭藏的对话

围绕足利学校的重建问题，我和建筑家内井昭藏就重建意味着什么进行了对话。内井先生从一个建筑家的角度出发，尖锐并准确地指出了重建的含义，对于我们理解足利学校的重建很有参考价值。

居民的热情推动重建

内井 前几天正是最热的时候，我参观了足利学校。足利学校虽然知名度很高，但具体内涵却很难诠释。它到底是一所怎样的学校呢？

西 很多细节我们也不太了解。什么时候创建的也不甚清楚，有很多版本的说法。

内井 据说你们重建时参考的是宝历年间（1751—1764）的施工设计。

西 是的，足利学校是作为"日本最古老的学校"而闻名的。提到日本最古老，我们这次的重建应该是和人们印象中的有所不同，主要是时代上的不同。人们印象中的是镰仓时代，最晚也是室町时代前后的建筑。

内井 如果是室町时代的话，当时的政治中心位于京都，所以即便是有学校存在，也应该是寺院或佛教类的。

西 或许属禅宗类的学校吧。校长也是禅宗的僧侣。禅宗在室町时代很盛行，这点是肯定的。但当时的状况我们并不十分清楚。有记录说当时学校有 3 000 人之多。

内井 人还真不少呢。这么说的话校园也应该更大些。

西 现在的地方容不下 3 000 人，所以我们也不太清楚，或许当时比现在的地方大。

内井 学校所在的位置现在被小学占用了。

西 小学所在的地方就是当时的足利学校，我想这是不会错的，只是我们现在所了解的是江户时代的足利学校。最早大家期待的是重建"室町时代的学校"。当时那个地方有一所小学，为了重建，还搬迁了小学。足利学校重建的地方正好是足利市立东厢小学的所在地。东厢小学本身也是非常有渊源的，它是明治五年（1872）学制颁布前后创办的，所以说小学本身也是非常有历史的。为了足利学校的重建，我们挪走了小学，激发了反对运动，直到解决花了12年时间。

内井　为了重建"足利学校"而搬迁了正在使用中的东厢小学，并没有其他理由，这的确会遭到反对的。

西　因为我们肯定江户时代那块地方就是足利学校的所在地。还有图片。既然要重建，最好还是在原地重建。这就必须挪走小学校。因为小学也历史悠久，所以反对运动也颇具说服力。听说当时很强势地实施了搬迁。

内井　也正是这样，市民们才都认为要重建室町时代的"日本最古老的学校"。

西　是的。反对运动发生后，市民们成立了委员会，对重建进行严格监督。市民们说，"如果你们不能将学校重建好，我们绝不答应"。我觉得这倒成了一件非常好的事情。可当我们想要重建室町时代的学校时，发现我们没有任何的史料。我被叫到委员会，他们告诉我"要想尽一切办法"，但我束手无策，根本无从下手。这期间还发生了很多事情，最终我们得出结论"最好是重建有史料可循的时代的建筑"。

内井　这就是你们重建的原则吧？

西　当说到"遵循史料"，因为只能追溯到18世纪的中叶，所以很多市民对此本身就不满意，他们认为，"我们不需要江户时代的学校，应该恢复到室町时代"。

内井　将现有的小学迁移出去，再开展重建，这是当地的意愿吗？还是建筑学会或学术团体的意愿？

西　完全是当地的意愿，也是市长的承诺。另一方面也是想把它变成城市观光的核心项目。

内井　你们的设想或者说意图实现了吧？

西　是的。我们赶的时机不错，正好 NHK 刚刚播放过大河剧，刚开放的那段时间人流接踵而至，据说门槛都被踏薄了。

内井 我估计就为一个足利学校来访的客人也少不了。那么有特色的建筑一旦恢复，不仅有利于旅游业，也有利于增加大家对当地的了解，这是非常好的一件事情。他们怎么就想到向您提出要重建学校这一话题的呢？

西 刚才也提及了一些，围绕重建当地走过了曲折的路程，因此他们认为必须建一个像样的东西出来。市方面一边和文化厅商量，一边成立了以历史学专家和考古学专家为主体的、相关领域专家组成的委员会，大家先从发掘入手。

内井 发掘的目的就是寻找室町时代的样子吧？

西 作为建筑物的外观应该说是这样期待的。但是经过发掘所发现的却是江户时代的建筑。查阅文献后找到的也都是江户时代的。于是他们便向文化厅建议，委员会"要吸纳建筑方面的专家"，也就是在这个节点我被推荐进了委员会。

内井 于是您便参与了这项工作。

关于土垒

内井 我首先注意到的是略带几何学设计的土垒，这也可说是我的第一印象吧。我很喜欢它的进入方式。正门设计面向大成殿，在稍稍旁边的地方有书院和居室。主次关系分明，不仅次序井然，而且空间分隔合理，令人印象深刻。那条护渠从前就是那样四面呈直角式地整齐地转折的吗？

西 那是按照留下来的图纸重建的。只是我们所掌握的史料只到江户初期为止，剩下的就是在发掘所了解到的范围内进行判断，成就了现在的样子。其实是有弯曲的。

内井 不是直角的吗？

西 图纸上是直角的，但从空中看还是有弯曲的。我们是按照弯曲建造的，完成后有些不一致。

内井 后面就是鑁阿寺吧。那里也有护渠和土垒。那么足利学校的护渠就现在看到的那么长吗？

西 我觉得应该是一个大圈子，全包括在内。不过现在有些地方建了住宅，无法恢复了。我想应该是一大圈。

内井 护渠中的水来自于哪里？

西 我们将鑁阿寺护渠中的水引过来了。

内井 那鑁阿寺的水又是哪里来的呢？

西 是地下水。他们好像把握了水脉，至今清澈的水源源源不断地喷涌而出。

内井 我非常满意并喜欢土垒围住的这个空间，但从整体来看，感觉占地略小了些。

西 是的。可能是土垒太高了。虽然我们知道土垒的位置，但关于它的高度却毫无信息。建筑也一样，发掘所发现的都是平面的，我们知道柱子的位置，却不知道它的高度。

内井 也就是说高度是你们想象的，对吧？

西 足利学校的建筑物还比较幸运，通过发掘了解了它的平面，高度可以参考施工设计图。但土垒由于没有施工设计图，所以确实不清楚它的高度。

内井 我反倒是对空间构造更有兴趣，那样的狭窄是从前就这样的吗？足利是一所大学，总觉得东坡的空地应该更大些就好了。

西 查看宽文年间（1661—1673）的古图，似乎原本的占地也更大些。

内井 是啊。另外我还有个问题，南院的假山是原来的假山吗？还是重建的？

西 是重建的，是按照发掘和古图重建的。图上有南院和北院，通过发掘我们还了解了池塘的形状，所以假山的高度和上面的树木都是依据绘图复原的。

内井 到底是宝历年间的，还是室町时代的，我觉得只有庭院整体的建设才能看出它们的区别，你们认为整体的感觉如何呢？

西 北院或许比江户时代更古老些，北院这边的历史也有可能就是早些。南北两边都是发掘后呈现的样子，只是因为有不清楚的部分，也议论了很长时间，比如如何设定池塘的水面等。和以前最大的不同，是由于地基下面保留下来的结构增高了的缘故，方丈（正堂）的高度比原来增高了50

厘米。庭院并没有增高。

内井 池塘还在继续使用吧。那样的话平衡的难度很大啊。

西 平衡不好的话，就会有异样的感觉。特别是应该是坐在方丈看庭院，建筑物的地面本来就有些低，也或许这点就是最牵强的地方。

内井 就是这个原因令人感到有些高。

西 没有办法将庭院增高，石头也会露出来。

内井 但整体上兼顾得还不错，从书院可以望到山脉，稻草铺就的房顶也很朴素，很有质朴感。

西 房顶的设计或许纳入了当地民宅的要素。总之建筑非常宏大，大约有 50 坪。

内井 校园内四周雄伟的山脉环绕，这一创意非常有意思，它承袭了坚持给人以教育空间印象的人们的思想。

史料齐全能否复原？

内井 你们在开展重建工作的时候，是如何看待它作为文化遗产的价值的呢？有些建筑因为其古老而拥有价值，但也并不全是这样。此外，重建也并不是说史料齐全就一定可以的。我听说您认为构思非常重要，我也是这样认为的。请您谈一谈关于这方面的问题。

西 足利学校的情况是我们不仅拿到了设计图，还有施工设计，通过挖掘我们还了解了平面情况。所以我们开始觉得重建工作相对简单，因为这一切意味着我们的重建没有任何颠覆原来建筑的余地。我们觉得只要按照史料做的话，设计自然也就出来了。但实际操作时，情况并非如此。说得极端点的话，可以说足利学校也同样是 99% 的创造，还原只占 1% 左右。常常有人问我们："你们是如何还原的？"虽然我们回答"99% 的都是史实"，但实际上是根本不可能的。当我们按照史料描绘出设计图后，却无法按照施工设计图施工。加之施工设计有好几份，当我们按照其中的一份施工后，和其他几份又无法吻合。我觉得在建造的过程中，我们是边琢磨、尝试，边调整的。

内井　是吧。就算是现在做，也会是这样的。

西　　的确是不可能说设计定下来开始施工后，就能一鼓作气顺
　　　利地走到最后的。整个过程使我们学到了很多东西。我和
　　　负责施工设计的波多野纯为"到底该怎么办呢"苦恼了很
　　　多次。有时根据建造的部位的情况，我们画出了与原建筑
　　　相同大小的图纸，可进展到一半的时候，又停下来重新调整。

内井　的确是这样的，谈到复原，人们往往容易将它理解为就是
　　　简单地将原有的东西按照原来的样子重新制作出来，而实
　　　际上那是不可能的。重新复原者对空间的把控方式以及设
　　　计性的构思非常重要，倘若不是一个善于设计的人，或许
　　　无法完成复原工作。

西　　我并不清楚这次足利学校的设计到底是好还是不好，但我
　　　想换个人来做的话，呈现出来的一定是另一座不同的学校。
　　　倘若请十人来做的话，会出现十种结果。这对于从事建筑
　　　的人来说是常识，只是从事历史研究的专家认为这样令人
　　　无法接受。他们所希望的就是要忠实地还原独一无二的事
　　　物。他们的想法我们十分理解。

内井　对你们来说最难的是什么？

西　　就是不清楚的地方太多了。就像刚才所讲的那样，还历史
　　　以本来面目是至高无上的使命，我们希望忠实原物，在
　　　我们了解的范围内我们做到了，但是确实有太多不了解
　　　的地方。

对周边景色的构思很重要

内井　重建时对四周景色的构想也是必须的。例如从学校望去，
　　　关东平原的景色如何？其他建筑摆放的情况如何？山脉、
　　　河流、森林是怎样的？因此倘若没有相当广泛地掌握情况
　　　的话，重建是定不下来的，当然只在学校院子内就能处理
　　　好一切的话是最简单不过的。

西　　当时我们也意识到了四周景色的问题，设计时努力思考过

这些。例如后面要能够望到山脉，这绝对是设计时的一个要素。当考虑到这些后，就竭力想去掉背景中多余的东西，我们摆脱方方面面，类似将多余的东西迁移出去啦，请人种树啦，等等。最终市当局也非常地理解我们，给予了我们帮助。

内井　这些正是从事复原工作有趣的地方。就像破解谜题，面对背景中的山脉，庭院中还又建造了一座大山。茅草屋顶也同样，虽然附近许多民宅都是茅草铺顶，但如此巨大的茅草顶是没有的。

西　　现代的人或许无法想象，当时周边是没有高层建筑的。应该是从很远的地方就能看到学校，我们设计时考虑到了这一点。我们觉得学校就是一种象征符号，是一种地标性的存在。

内井　刚才我也说了，当时的建造者一定也是想建造山脉的。

西　　是这样的吧。不过屋顶采用茅草来重建，确实非常困难。因为是新盖的房子，实际上是不能铺茅草的。

内井　违反消防法吧。即使是修复历史性建筑也是不允许的。

西　　是不行的。例如当"现在的建筑为砖瓦顶，因得知当时是茅草顶而希望恢复"时，如果建筑物本身是指定的重要文化遗产的话，或许还可以争取，但足利学校的情况是新建，自然也不属重要文化遗产，因此很是困难。

内井　正如报告书中所写的那样，全部安装了引水管和消防设施之后才得以批准。

西　　我们的观点是如果采取了消防措施的话就可以了，但法律在我们之前，如何去符合法律的要求，市政府方面也为我们想了很多办法。

内井　万一发生火灾可是不得了的。

西　　是啊，旁边的鑁阿寺里保存着好几件重要文化遗产呢。

内井　房顶最后决定用茅草，是吧。如果现在去找大量的茅草找得到吗？

西　　没问题。茅草分海茅和山茅两种，我们不可能将本地区的茅草全部收集过来，所以扩大了收集的范围。

内井　通常多长时间要更换一次茅草？

西　因地方的不同而不同，潮湿的地方最不行了。后面有山脉遮挡，通风差的地方腐烂得快些。条件好的情况下，据说能用30年到50年。所以使用过程中必须加以维护，也就是说要做好修补的工作。要保持定期检查，一年一次便可，如果经常修补的话，可以维持30年。最近，最大的敌人是乌鸦，它们会拔掉茅草。乌鸦一旦记住这里后，就会成群地飞来干坏事啊。

内井　这可是大灾难啊。

西　茅草是自然之物，不可能质量完全相同，质量不太好的总会出现破损，会先期腐烂。我们要注意发现不好的地方，有经验的人一看就知道，一旦发现就修缮、补强。

内井　你们有这样的经验丰富的匠人吗？

西　这一次只有茅草这块用的不是当地的匠人。房顶铺设的匠人来自冈山和大阪。

培育工匠团体

内井　重建的重要性还体现在它可以传承传统的技艺，尽管看似些微。例如，茅草屋顶的铺设方法以及材料的种植方法，加之掌握维护技术的工匠的培育，这些都是文化遗产复原的条件。当茅草屋顶的数量增加了的话，市场也会相应地扩大，所以我们非常期待。即便是垒石头，也有很多种方法，如何将这样的技术传承下去呢？这些技术能够运用到近代建筑中去是最好不过的了；如果不行的话，希望至少在历史性建筑物的修复、重建，或者维护等方面加以继承。而且我认为要让那些匠人们能够靠手艺生活下去，无论科学技术如何发达，无论我们能够建造出何等优质的建筑材料，新的匠人们无法掌握传统的建材。能够体现茅草类建材本身的存在感，以及能够展现传统精神的匠人们的消失是一件非常遗憾的事情。从这个意义上说，我认为重建有必要在全国各地轰轰烈烈地展开。

西　　只要有需求就好。

内井　我们可以创造需求，请你们来做这项工作。我认为在全国
　　　各地培育出技术团体、技能团体非常必要。虽然目前的市
　　　场需求很小，已经是越来越小，但一旦失去，接下来的很
　　　多创意都会干涸，我们的创造链就会断掉。如果真的在这
　　　里断掉的话，工业化进程中新的奇想就无法诞生，因此必
　　　须培育从事手工工艺的团体。

对设计的质疑

内井　对于整个设计，我有两三个问题。首先是关于方丈外围设
　　　的楼梯，这是原建筑物就有的吗？

西　　是有的。

内井　从整个建筑物的风格来看，我总觉得木头的更好一些，原
　　　建筑物就是石头的吗？

西　　原来就是石头的，好像有点过于规整了。

内井　还有升降电梯，里面的横梁真大啊。

西　　您说的是方丈的正面吧。

内井　那也是原来的样子。这种情况通常是附带某种装饰的。但
　　　这里什么都没有。

西　　是的。先说横梁，这种尺寸的横梁以前就有。无论是从这
　　　次的施工设计图来看，还是从类似的例子来看都是有的。
　　　只是我们原想加上一些雕刻图案。方丈内部的梁柱我们加
　　　入了图案，按照实物的大小绘图，请专门的雕刻师刻上的。

内井　尽管如此，也觉得很大的一根横梁一下子嵌了进去。总有
　　　种不吻合的感觉。

西　　其实我们也想在正面的横梁上绘入图案的，但无法判断以
　　　前是有还是没有。如果有的话,是什么图案？我们并不清楚。
　　　因为它位于最外层，我们的结论是既然不清楚就还不如没
　　　有。时间长了，或许会觉得吻合的。

内井 那倒也是。只是我从设计人员的角度看上去的话，觉得那里还是有些雕刻为好。而且石头楼梯和横梁之间总觉得有些不配套的感觉，所以一直想见到您后问一问，这次我清楚了。

西 其实我们还想在室内建筑靠里边的墙上也画上图画，我们认为以前是有图案的。但现在也是白色无图案的。

内井 确实，过去是有墙壁画的。当时关东地区是什么人在画呢？

西 当时幕府狩野派的人们到访过这里。足利这个地方也有自己的画师，应该是他们在画吧。由于足利距离幕府非常近，至少会有狩野派的画师在这里吧。

内井 重建工作需要如此这般地去想象，真是非常有意思，充满了浪漫气息。并且，当时好像是不刷颜色的。

西 两种情况都有吧。从江户中期开始，涂很多颜色的建筑渐渐多了起来，到了幕府末期，又变得不涂颜色了，变成了将凿刻后的痕迹直接暴露出来。

内井 是吗？好像使用的木材也很少啊，我指的是树种。

西 这是有原因的。根据我们掌握的施工设计图，当时主要用的是栂木和榉木。我想可能是栂木多吧，要多少有多少，榉木现在也很多，只是栂木不好找，当然也能找到，但价格贵得离谱，买不到粗大的。于是我们将栂木换成了桧木。

内井 很明亮，给人以很清爽的感觉。

西 也可能是新的缘故。如果室内有壁画的话，整体感觉就不一样了。

内井 你们考虑过选什么画吗？

西 因为是禅宗，或许主要的地方还应该是水墨画，个别的可以施以淡薄的色彩。但很遗憾，预算达不到，所以没能实现。

内井 方丈现在是如何利用的？原来是用来讲课的吗？

西 我想原来是一个宗教的空间。重建时我们计划让它保持原本的宗教空间的氛围，但是我们这里规定市里建的建筑不能与宗教相关联。这里也做祭奠孔子的释奠，但不能在方丈这样的佛教空间举办宗教性的祭奠活动。方丈或许就是用来讲课的，我想。

内井 这样的话，外面的檐廊上也都坐着听课的人了。檐廊是日本教育空间的原点啊。从历史看，我觉得在建立教育场所这点上全球有其共通点，那就是建立一个被围绕的空间。闲谷学校是这样，杰弗逊的弗吉尼亚大学、莱特的自由学园明日馆也是这样。我认为这对足利学校来说也是通用的。

（INAX REPORT 120 号《特集 日本最古老的学校足利学校》，1995 年 10 月）

重建后的足利学校接近于江户时代的样子，现在与当地的氛围浑然一体。重建完成后，足利市修建了学校到车站的道路，并整理了周边的环境，现在它成为了重建工作给城市建设带来巨大影响的范例。

建筑史研究室的毕业生山田由香里对于"足利学校的现在"作了如下的评述：

平成二十年（2008）5 月，利用连休我来到了重建后 18 年的足利学校，我看到入口处人们纷纷购票入校，步入方丈的参观者们脱去鞋子踏上榻榻米，一边眺望着庭院中的新绿，享受着穿堂而过的轻风，一边感受着往日学校的气息。旁边的寺庙正在举行盛大祭奠活动，很多人参观后便来到了寺庙。他们观赏着店铺前摆放着的粗制点心、日式杂货、土特产品，步行穿过连接学校和寺庙的石板路，和穿着和服的店员的交流更是令人开心。

就这样，由于重建后四周环境的整理和完善，足利学校周边变得热闹起来。虽然重建刚完成时就铺就了石板路，但却从未出现过现在这样的人流。据足利市都市计划科科长给《月刊地域建设》（1998 年 8 月号）投寄的报告介绍，石板路铺就后，在对沿路的建筑进行重建和修缮之时，我们挨家挨户宣传希望突出历史氛围。从昭和六十二年（1987）开始，又完善了对修缮街景实施补助的制度。作为接待的重要设施，平成五年（1993）在足利学校的东南方向修建了观光停车场和导游站"太平记馆"；平成十五年（2003）在学校入口所在的大路上，又建造了展示和体验足利织物的设施——足利街区游学馆。

配合行政方面对修建石板路和整修建筑的努力，商店街和居民们也开展了各种活动。石板路的中间有一家安政五年（1858）建造、名叫茂右卫门藏的土坯仓库。据说本来打算拆掉的，但在当地三个自治会以及街区建设小组"靠市民的双手将其保护和利用起来"的呼吁下，于平成十三年（2001）又重新利用了起来。仓库由组织活动的四个团体共同命名，名称沿袭了推广足利织物的小佐野茂右卫门的名字，仓库中举办市民画廊，扩大以足利的历史和文化为核心的地域之环。此外土坯仓库对面的大正时期的宅邸在平成十四年（2002）成了国家注册的有形文化遗产。如此等等，石板路沿途的历史回溯工作正在推进。近年来，一些年轻人选择在这里开店经商，作为周末逛街的场所足利也人气十足。

　　长假中，身穿观光协会宣传服的年轻人在足利学校最早的门"入德门"前颁发地图，引导旅客观光和停车。据说这是今年入职市政府的新员工的一次研修。站在这样的地方，新员工们一定会从当地市民和游客中学到很多关于足利的知识。重建后的足利学校作为学习的场所、也作为孕育城市的一种存在，发挥着重要的作用。

从足利学校通向镬阿寺的石板路的喧嚣（右侧后面的白色仓库即茂右卫门仓库）

足利学校入德门前负责导游的年轻人（据说这是市政府新人见习的一个环节）

2. 旧染井能乐舞台（神奈川县）

零件的重生——横滨能乐堂

现在的横滨能乐堂全部都是钢筋水泥造的新建筑。但唯有其中的舞台是旧染井能乐舞台的复原。从对拆卸的零部件的调查开始，直至利用这些零部件修复舞台，我一直参与其中。下面就向大家展示一些我所参与的工作记录吧。首先是施工过程的报告。

能乐舞台的复原

现如今横滨正在推进能乐堂的建设，我也在协助这项工作。能乐堂的核心自然是能乐舞台了。但是横滨的情况是整个能乐堂都是新建的，唯独舞台例外，那些期待着一个崭新舞台而进入能乐堂的观众们一定会很疑惑的，因为呈现在他们面前的是一座古香古色的舞台。整个乐堂都是新的，为何只有舞台却不是新的呢？这是因为这里的舞台复原了原东京驹达的染井能乐舞台。

染井能乐舞台位于驹达染井的松平家院落内。该舞台一直使用到昭和三十九年（1964），因此年长一些的朋友都还记得。染井建此舞台是大正八年（1919），当时也并非新建，是东京根岸前田齐泰家明治八年（1875）年建造的舞台的迁移。齐泰是加贺藩第十三代藩主。金泽是以加贺宝生的名字而闻名的宝生流派最活跃的地方，齐泰似乎也非常喜爱能乐，在根岸宅邸的庭院中搭建了这个舞台。舞台落成之日他曾和儿子一起献上了一曲《高砂》（谣曲经典，是祝愿新婚夫妇白头到老的颂歌——译者注）。该舞台于 1919 年迁至染井，第二次世界大战后，被战火烧成一片荒野的东京仅剩下了四座能乐的舞台。也是由于这一原因，不仅是宝生派，各流派的能乐都登上了这个舞台。当复兴后的东京新的舞台层出不穷地建起来的时候，该舞台完成了它的历史使命。舞台解体后经过种种曲折，于昭和五十四年（1979）拆卸，其零部件捐献给了横滨市。

几年前受横滨市的委托，我开始对仓库中堆积的满是灰尘的舞台零部件进行调查。我所要做的就是查清它们是否有可能复原，有没有复原的价值。接收这些零部件时我十分惊讶，仓库角落中散乱堆积的材料和垃圾别无两样，令人感到麻烦异常。我们将这些古老材料一点一点地整理出来，除去它们的灰尘，一根一根地实际测量。我研究室的研究生和大学生们汗流浃背地努力工作着。夏日的仓库别说没有空调，连丝丝的冷风也吹不进来，仓库的角落简直就是桑拿房。到了冬日，双手僵硬得连字都写不出来。我深深地感谢毫无怨言、专心调查的各位学生。

通过调查，我们发现舞台、桥廊、镜板等很多重要的部分都保留完好。因此，在给横滨市的报告中我这样写道：我们应该将这一具有历史价值的舞台修复起来。我这样写绝不仅仅是因为部件保留完好。

消失的古建筑

近年来，背负着历史的古建筑渐渐地消失殆尽。几年前还随处可见的茅草屋顶的民宅，当我们无意中觉察时，却已经几乎找不到它们的踪迹了。木结构的神社和寺庙也同样。不仅仅是木结构建筑，所有近代建筑都一样。在经济效率优先的现代社会，无论建筑的设计多么与众不同，也无论街区的居民们多么喜爱、作为都市的地标型建筑发挥过怎样的作用，一切都无关紧要。特别是那些拥有室内天井高、空间宽绰的特色房子就更加不行了。取暖制冷都需要成本，闲置就是浪费。这样就必须拆除，以最新的设备重新建造。

回忆起来的话，日本的近代曾以追赶和超越外国为至高无上的使命。但凡不符合现代化的东西都被丢弃了。人们认为古老的东西是最先要丢弃的。这种潮流历经了明治、大正，并在第二次世界大战后也被继承下来，在经济高度增长时期以及泡沫经济时期都丝毫没有改变，我们曾经仅仅以陈旧为理由丢弃了很多东西。即使现在这种情况也没有改变。

建筑的世界也并没有幸免。我们努力地破坏掉了背负历史的建筑，木结构建筑无法预防火灾的迷信起到了推波助澜的作用。木头这种建材只要使用方法正确是完全可以预防火灾的。它具备只有自然的建材才有的温和和柔性，是非常杰出的建筑材料。

破坏背负历史的建筑就意味着不珍重历史。当然原因也存在于建筑业本身的体制中，不破不立，没有新的建筑就没有盈利。建筑物是建立在土地之上的，一块土地只能有一座建筑物，新旧不能共立，这是与绘画和雕刻所不同的地方。倘若是绘画和雕刻，即使不去破坏旧的也可以创造新的，而建筑则不行。

　　尽管如此，建筑行业的弃旧仍然是过头了，他们将那些不能丢弃的东西也丢弃了。建筑物是融时代的匠心、技术、生活、习惯、地域气候、风土等各种成分为一体的产物，是当时代的文化写照，是历史的证人，是一个立体的、一目了然的证人。我们的行为就是单方面地扼杀了历史的证人。

　　染井的能乐舞台也是宝贵的历史证人。因此我想既然通过调查，我们知道了它可以复原，那就理所当然地要复原。至少要以一种反省建筑行业对历史缺乏重视的心态，将舞台重新呈现出来。然而事情却并没有那么简单。

　　将七零八落的古建材拼装还原成舞台，如同让一位濒临死亡的病人起死复生，它远比新建更加费力。那么是不是有了旧的零部件材料，费用就会节省了呢？并不是这样的。复原也需要很多费用。舞台不仅仅是形态上的重现，还要实用，因此为了实现能够继续演出，依靠那些古老而又损伤严重的零部件是非常困难的。同时我们也有一种强烈的愿望，既然要花钱重建，那也可以建一座崭新的、漂亮的舞台。

　　但是我们还是希望修复。因为我认为坚持复原是对珍重历史迈出的步伐，尽管它微小，但我们已经拥有了学生们调查的结果，这也是他们志愿工作的结晶。当我们完成能乐堂的修复，重现舞台，并让大家认可其意义之时，世界将步入 21 世纪。

　　然而对步入 21 世纪的未来建筑的憧憬，也在拷问着我们的行为。按照一般的观念，人们对 21 世纪描绘的蓝图是以"横滨港未来 21 计划"为代表的超高层建筑和新型城市建设，人们谈论的也都是新的设计、新的技术。描绘一个充满希望的迎接新世纪的梦想并不是一件难事，但这些就是迄今日本发展的老路。当然我们也不能否定它的意义，但是面对 21 世纪的到来，我们必须记得在沿着希望之路奔跑之时，我们曾经有过重要的遗忘。

珍重历史之心境

我是学建筑史的，我常常被问及："建筑为什么需要历史？"也有人以表情回答说："哦，是因为你们也要设计寺庙吧。"其实不是这样的。建筑到底是什么？好的建筑又是什么？为了思考这样的问题，我们需要学习历史。

还有就是我们不想放弃历史的心境。当我这样回答时，大家满脸惊讶。我也对现代建筑发表批评，似乎被人认为是一个插手不同领域的怪人。

通常人们认为，创造建筑是工科的问题，而历史属于文科，两者不相关联。这就是可以肆无忌惮地拆毁背负历史的建筑的缘故。

有一种说法叫开发和保存并存。所谓开发就是建造，所谓保存就是珍视历史，这两者原本水火不相兼容，并且前者属工科，后者属文科。因此两者并存是非常奇怪的。但是之所以并存的想法根深蒂固，这与为了现代化而不顾任何后果地丢弃古老的东西有着密切的关系。

能乐堂的重建、其中舞台的修复，这是一项不同领域共同合作才可能实现的工作，是人们在建造新型建筑的时候，充分发挥珍重历史之心境的范例。

20 世纪是一个目不斜视、一往直前的世纪，或许 21 世纪也将沿袭这样的路线。但是古老的东西可以全部丢弃的时代应该结束了。

平成八年（1996）6 月能乐堂落成。这座建于明治八年东京根岸的能乐舞台，于大正八年迁址染井，又于平成八年在横滨重生，这连续的三个"八"是一种不可思议的缘分。

当然这次的修复并非当初的设想。尽管部件保存完整，但由于损伤严重，当初我们觉得根本不可能再度使用了，加之渴望全新的舞台的呼声十分高涨。当我受托进行拆卸后零部件的调查，并就运用旧的零部件进行修复接受横滨市的审议时，曾被多次强调"零部件不能用了吧"。甚至有人跑到研究室来说"因为使用的是市民的纳税，所以不能使用老旧的木材建一座简陋的舞台"。他们委婉地、但却是坚决地要求改变审议结果。今天，看到能乐堂舞台作为横滨市的一个景点而发挥着作用，我从内心深处感到高兴。

对旧染井能乐舞台部件进行调查的情况

调查过程中进行初步搭建，寻找舞台的真实感觉

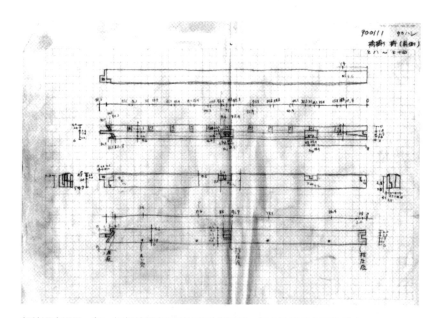

部件调查记录：每一根部件都实际测量并绘制图样，图中为桥廊使用的横木
（测量者：高桥直子）

复苏的染井能乐舞台

平成八年（1996）6月，能乐堂在横滨落成，庆祝落成的公演进行了两天。第一天上演的是观世流派的《翁》，第二天是宝生流派的《翁》。五流一派的宗家以当家为首，艺术院的全体人员，五位人间国宝都参加了演出，阵容非常豪华。

看过能乐堂舞台的人都会对以下几个地方感到惊讶。首先是舞台正面镜板的松树图色彩斑驳。刚刚落成的舞台，为什么是这样的呢？此外，如果仔细观察舞台柱子的话，有很多地方是因损伤或有洞而填补了其他的木头，这种修补叫作埋木，看上去简直就是使用的旧木材。

其实这个舞台就是旧时舞台的复原，虽然能乐堂是新建的，但舞台则是位于东京染井的染井能乐舞台的复原。

染井能乐舞台一直使用至昭和三十九年（1964）。特别是在第二次世界大战刚结束时，东京仅剩四座能乐舞台，原本为宝生派专属的染井舞台也上演了其他流派的剧目，成为能乐世界中知名的存在。增田正造对当时的状况的描写是"尽管舞台简陋得下起雨来观赏席上几乎会摆出脸盆接水，名角们背着装满行头的背包前来献艺，但能乐之火炽烈燃烧"（《能和近代文学》，平凡社，1990）。佐藤芳彦高度评价了当时的情景："这里每月都举办能乐表演，各流派同台献艺，使其成为了重振能乐堂的根据地。战争结束后的几年里，这个舞台所发挥的作用值得在能乐史留下特殊的一笔。"（《宝生》9卷4号，1955年9月）由小津安二郎导演，原节子、笠智众出演的电影《晚春》有这座舞台的画面。剧场的观赏席位不是椅子，而是和式坐席，也就是所谓的"枡席"（木板隔开的四方空间，相扑比赛场与剧场座位形式的一种——译者注）。

为加贺前田家十三代藩主前田齐泰观戏方便，此染井能乐舞台最初于明治八年（1875）作为室外舞台建在了东京根岸宅邸的院子里，大正八年（1919）迁址染井。明治八年4月3日舞台举行了庆祝落成公演，因为是前田家的舞台，镜板上不仅描绘了松树，还配有梅花。曾经在附近居住过的河东碧梧桐写下了"站立在沐浴着阳光的舞台悬桥上"的句子。此外泷井孝作在小说《无限拥抱》（改造社，1927）

中描述了这个舞台的情况。前田齐泰逝去后，根岸的舞台难以维持，于大正八年迁至松平家位于染井的宅邸。山崎乐堂设计了新的能乐堂，大正八年 5 月 25 日舞台上梁，同年 10 月 19 日举行了庆祝落成的首场公演。如前所述，之后舞台得到了充分的利用，昭和四十年（1965）完成使命，解体告终。经过一些曲折后，昭和五十四年（1979）舞台的零部件赠与了横滨市。

平成元年（1989）横滨市委托我对保存在海老名市民间仓库的零部件进行调查，弄清楚零部件的数量和利用它们还原舞台的可能性。调查结果是，我向横滨市报告了可以重新恢复舞台的判断，尽管建造新型舞台的呼声很高，但为了重视历史价值，最终还是对染井舞台进行了复原。

利用保存下来的零部件对舞台进行复原，听上去似乎简单，但柱子和梁等很多部件都有损伤，还有许多部件在长年的保存中出现倾斜和弯曲。最成问题的是仅看部件，无法轻而易举地弄清楚应该用在哪里，当然也有很多零件缺失。复原过程中困难重重，相关人员付出了非常艰辛的努力，反倒是建一个新的舞台要容易得多。

我协助进行了复原的设计工作，现在能够实际上演能乐的一个完美的舞台落成，令我们真实地感到一切付出都是值得的。

近年来，建筑物复原的例子在增加。有些复原没有经过充分的研究，这的确遗憾，因为从事复原工作的人们虽然付出了艰辛的劳动，其价值却并没有得到认可。倘若有零部件留存下来还好，仅凭文献记载、发掘成果、老照片等所进行的复原，不仅设计起来非常困难，而且建成之后的评价还很低。或许有些复原就是马马虎虎的，但我却觉得对于那些在慎重研讨的基础上所作的复原，应该给予更高的评价。也正因如此，对于复原，相关人员需要进一步的努力。我们期待今后有更多的值得肯定的复原的建筑出现。

复原后的旧染井能乐舞台

鱼津社寺工务车间（名古屋）中的复原讨论会现场（画面上方可见"人"字形短柱）

在工务车间中的零部件调查（零部件得到分类整理）

3. 三溪园原家老宅（神奈川县）

复活了的"鬼宅"

来到横滨的三溪园，一幢木结构的、茅草铺顶的原三溪旧宅堂堂正正地耸立着。现在看上去宅子古香古色，像是从前的建筑，其实它是一幢复原的建筑，曾经破损得非常严重，甚至被称作鬼宅。那么，它是如何被复原的呢？其经纬都记录在了《工程报告书》的开头部分，请大家一读。

位于横滨市本牧三溪园的原三溪老宅于 2000 年秋完成修建施工，并总结出了施工过程等的报告书。

横滨市从原家接收了原三溪老宅后，很长一段时间都没有管理，在我对该建筑物实施调查的平成十年（1998）4 月，屋顶已经严重破损，由于漏雨日趋严重，零部件腐朽，从房间里可以望到天空。横滨市开始研究将其作为迎宾设施使用是大约 4 年前的事情。据说这期间进行了关于调查和利用的讨论，但由于建筑物本身管理缺失，导致了如此的惨状。因为不大可能重新利用，所以也有意见提出要拆掉重建，从损毁的程度看，有人接受拆毁重建的意见也是迫不得已的。

但是，我们通过调查了解到，建筑物的主体结构保存完好，重新修复利用是完全可能的，因此提出了尽快修复的要求。

工程开始后，我作为委员会的总协调协助施工。在围绕"是重视文化遗产的价值，还是使用上的便利"这个问题，相关人员之间意见并不十分统一，工程就是在充满难题的情况下进行的。举个具体的例子，从尊重文化遗产的角度出发的话，理应忠实地还原房间的分隔和立柱的位置；但从利用的角度出发，考虑到需要众人聚合的场所，便有人强硬地提出去掉多余立柱的意见。对于如何还原建筑物周围的庭院的问题，从尊重文化遗产的角度出发，有意见认为既然建筑物复原了，那么庭院也应遵照三溪本人的想法建设，建成充分遵循三溪遗言"希望朴素，喜欢绿苔"的庭院。另一方面，负责庭院设计的人员则认为应该尽可能建设一个现代化的、令人耳目一新的庭院。就这样两种意见完全不能吻合，只有时间慢慢流逝。工程委员会倘若不能将此类接踵而至的难题一一解决的话，工程就无法进展。

我们的工程是在没有充裕的时间对建筑物的历史背景进行充分调查的情况下开始的，因此对于这座宅邸究竟是何时的建筑这一最基本的问题都尚不明确，幸好之后在仓库的墙壁下面所贴的记载中发现"四十二年九月二十四日，新建房屋自江之上游、祭坛自老松町迁移至此，初次使用电灯照明"字样。将这份记载和已然判明的原家施工类文件相结合，我们判断明治四十二年（1909）9 月 24 日他们从老松町搬迁至这里的新宅，同时带来了佛坛，并开始使用电灯。从这一天开始这幢住宅开始使用，因此住宅的落成为相同年份是没有错误的。

施工前建筑物残败凋零，施工后又接二连三出现困局，正因为我太清楚这其中的一切，才会对工程完工感到格外地欣喜。前面所说的具体情况并非所有人都了解，在此作为开头之言，我大胆地作出以上陈述。

（《横滨市指定有形文化遗产原家旧宅（鹤翔阁）
复原修建工程报告书——序言》，
编辑：株式会社马努城市建筑研究所；
发行：财团法人三溪园保胜会；2001 年 3 月）

三溪园原家老宅远景

原家老宅的玄关部分

原家老宅（从客厅栋可以穿越庭院看到娱乐栋）

复原施工中的上梁仪式

平成十二年（2000）1月30日举行了三溪园原三溪老宅修复工程的上梁仪式。那天天空十分晴朗，对于冬日来说是一个温和的、适合上梁的和煦天气。

《修复工程报告书》的施工记录中虽然只有"平成十二年1月30日上梁"的记载，但夸大点说，在此之前却发生了许多意见分歧。让我来告诉大家其中的来龙去脉吧。

所谓上梁仪式就是在安装栋梁（屋顶最高处的横梁）时举行的祭祀。上梁的过程是从栋梁自下面拿上去开始的，但这次施工却有所不同。由于工程规模过大，且整个建筑物都被临时建材所包裹，将栋梁抬上去绝非轻而易举。

在这种情况下，我们决定使用吊车将栋梁吊起安装。我们使用的吊车的确非常好用，准确地说它是一种固定式塔吊，不仅高度非常高，吊臂也很长，吊起东西后可以旋转，工作范围非常广大。虽然吊车承担的是大型工作，但自身体积却不铺张，非常瘦小。我听说这款吊车是法国产，国产吊车中没有合适的款型。"不愧是法国啊！"我们总算服气了。

正如所称谓的那样，无论是上梁仪式，还是上梁祭祀，通常这种工程也会请来神官举行所谓的神灵祭奠。但此次施工由横滨市实施，横滨市的负责人认为但凡宗教仪式一律不得举行。其原因是三重县津市发生过所谓"地镇祭诉讼案"。昭和四十一年（1966）围绕津市体育馆开工仪式，发生过有违反宪法、做宗教活动之嫌的诉讼。昭和五十二年（1977）在最高法院判决"合宪"之前，争议持续了整整12年。结果开工仪式被认定是民俗行为，没有违法。尽管如此，为避免发生如此问题，横滨市的负责人坚持主张不做上梁仪式。

另一方面，负责施工的人们却希望举行上梁仪式，他们认为上梁仪式的目的是祈祷安全，也是为了庆祝施工进入一个新的阶段。当时我担任工程委员会委员长，我以为施工现场的工匠们的意见更加合理，便提议"做吧"。

但是横滨市的负责人仍然坚持放弃。于是我们决定，放弃与宗教相关的一切活动，不请神官等，祭祀的主持请工程委员会的委员长担任，无论出现什么问题责任全部由我承担。

很快上梁的日子来临了。那是一个很难和一月份联系起来的温暖的阳春天气，仪式在大家洋溢的微笑中开始了。所长在《修复工程报告书》中如此记述了快乐的回忆："在神奈川大学西教授提议举行的手工上梁仪式上我担任了祭祀主持，对我来讲真是做梦都想不到的事情。"所长还向所有参加仪式的人员赠送了取名三溪园的设计精美的纪念品——一块薄板贴面的木块上镂刻着美丽的枫叶。

这以后施工现场匠人们的团队合作进一步加强了，大家都称道"多亏举办了上梁仪式"。回想起来至今觉得这是工程中非常快乐、难以忘怀的一个环节。

（新作，2008 年 4 月）

2000 年 1 月 30 日上梁仪式（卷着红白色布带的梁木被吊起）

大家一同守望栋梁及木匠们安装栋梁

为庆祝上梁，工程事务所所长赠送了纪念品

关于建筑物复原的座谈会

原三溪老宅完工时，横滨有邻堂书店在宣传报《有邻》上发表了座谈会纪实。司会有邻堂会长篠崎孝子和原富太郎之孙原昭子、三溪园保胜会参事川幡留司，加上我四个人就复原进行了交谈。下面我将主持人篠崎和我们的发言精华重新披露于此。

拆解因漏雨而损毁的本宅

主持人　明治三十三年（1899）（原）善三郎去世后，三溪（原富太郎）继承家业，将本宅迁址本牧。这次我们就是对本宅进行拆解修缮。

西　　　我最早见到那座建筑就是在横滨市接收后因损毁严重，无法确定修缮计划的时候。当时有人提出设法修缮，于是我便接到了横滨市的委托，希望调查一下是否还能够使用。当我走进房子的时候，房子漏雨非常严重，从房间里可以仰望天空。我请人苫上了塑料布，至少先要止住漏雨。我将调查结果呈送给横滨市，希望尽快修缮，一切都是从这时开始的。三溪园和横滨市进行了磋商，横滨市成立了修缮委员会。这时忽然有人提出要在横滨市举办峰会，并将这一老宅用作迎宾馆，于是上上下下开始行动了起来。接下来我应邀作了修缮工程委员会的协调员，同时负责工程和调查两项工作。调查过程中我们了解到这处老宅其实远比现在看到的要大，并且它的屋顶最早是茅草覆盖的。我们进入调查的时候已然是瓦顶了。

原　　　是因为战争时期，需要缩小建筑物，并禁止出现茅草屋顶。

西　　　当我们提出恢复茅草屋顶时，又遇到了各种新的问题。为了避免火灾，通常城市不允许铺设茅草屋顶。

原　　　我认为茅草屋顶非常好。

外和、内西的设计

主持人　从建筑学角度看，当时给你们留下了什么印象呢？

西　　　虽然损毁严重，但结构非常牢固，我的答复是"还可以使用"。虽然是茅草铺顶的民宅式建筑，但主要房间、特别是从玄关处进入后的迎客厅不仅天井很高，所使用的建材硕大完整，绝不同普通的和式房间。我想或许在设计之初，就有迎接外宾的准备而摆放了椅子，尽管外观是和风建筑。

主持人　没有参照某处的民宅作先例吗？

西　　　有说法认为好像是参照了岐阜的民宅，对此我们也进行了调查，虽然有些地方相似，但的确没有确切的样本存在。这是一幢非常独特的建筑，现在没有找到设计者和工匠。

利于孩子茁壮成长的房子

原　　　我听说这次修缮的房子就是比较宽大，并没有使用非常好的木材，当初主要是为了父亲一代能够在宽松的环境中成长。我的祖父母居住在白云邸，只有包括父亲在内的孩子们和家庭教师居住在这里。最里面的那栋房子常常请画师来作画，所以所使用的木材也好一些。

西　我们调查了靠里的那栋客房，使用的是外来的木材，但又不是全部从一处拆下来建成的。它所使用的木材中有很多填补，使用的方法也与以往不同。只是客厅灯使用的是新料，确实是非常好的木料。这其中的背景十分复杂，有些地方的确弄不懂。还有些地方使用了钢筋加固，可能是因为不久前发生了关东大地震的缘故吧。

原　再有就是空袭使得一切都非常混乱。柱子出现了许多碎片，庭院中也落下了很多炸弹，出现了很多擂钵状的弹坑。

壁纸内层出现的施工记录

西　虽说该建筑建于明治三十五年（1902），但却没有直接的史料证明。只是在壁纸的内层有一些打底的贴纸丢弃在了施工现场，我将它们全部收集起来，和学生们一张一张地解开来阅读。通常壁纸内层贴的是由裱糊工匠带来的废弃的和纸，并不一定就出自某某家。但是这套住房似乎贴的就是原家的纸，之所以这么说，是因为龟善出产的青色条格纸就是原家的纸。原家为何要使用龟善的条格纸，我们不得而知，但是所有这些条格纸都是三溪园某个地方的施工记录，记载着某月某日，木匠为何人，花房多少人，匠人们工作了几日，支付报酬的数额，等等。这些纸张就是原家盖着印的别墅账簿。在我们看来原家将这些账簿散开贴在了墙上。这其中很少有记录年代的，仅仅能够看到某月某日的具体日期。例如，当我们了解到连续三天降雨，通过对比气象台的记录，便可以知晓年代。当我们对照后发现，明治三十八年（1905）、三十九年前后原家还在盖房子，虽然我们不知道盖的是什么样的房子。他们还在庭院中修建池塘、种植梅树。匠人们也有来自川崎的。多亏了这些贴纸，通过它们我们得知这里的建筑是明治四十二年（1909）完工的。

对缩小部分的发掘调查和复原

主持人　从保存的铜版画看，野毛山的别墅是红砖西式别墅。野毛山之后才在三溪园盖起了日式的本宅。

原　我认为祖父很不喜欢西式房子。因此在善三郎去世后立刻搬迁到了本牧。

主持人　和本宅一起，明治三十五年（1902）天瑞寺的寿塔覆堂从京都迁到了三溪园，这是否说明当时原家已经有了建造庭院的设想了呢？

西　在构成核心的本宅的建筑落成之时，就已经从别处将建筑搬迁至此，我想这正说明了原家已经是按照头脑中形成的整体规划在建造庭院了。

主持人　请你们具体谈一谈建筑物的外形和复原的方法。

西　本宅的外观是茅草顶，是典型的民宅风格，但建筑物本身却并非民宅，属非常独特的建筑。我们收集了所有的老照片和明信片，但凡我们弄懂的都按照照片的情况进行了复原，并且还进行了发掘调查。通过调查我们了解到，房子缩小过，比原始的小了些，发掘使我们清楚了原始的房子究竟有多大，哪个位置是什么样的状况。我们还从地下挖出了停车位置的两根柱子的基石，参照这些我们进行了复原。当时的房子有一个非常考究的玄关，有停车位置，是一幢很大的建筑，入口处非常开放。这次修复的房子入口处和原始的基本没有什么不同，只是在使用方法上，为了符合现代的使用方法部分地作了调整。

修缮前原家老宅的外观
（房顶为茅草顶）

修缮前原家老宅的内景（漏雨造成的破损不断加重）

按顺序进行拆解

建筑物的调查也同时进行着

零部件补修结束后再次修建时的情景（内部空间宽绰）

全国唯一的古建筑博物馆

西　查看明治时期的古老地图，三溪园这个地方有三个湖泊插入
　　山间，因此称三溪。现在建筑博物馆坐落与此。就在不久前
　　有一种看法认为，这里建筑物云集，在当时日本上下别无他
　　处。将建筑物迁移至此是一件非常庞大的工程，它不能像携
　　带绘画作品一样顺手带来。不仅耗资巨大，还需要凑集匠人，
　　运输在当时也是非常繁杂的。

原　恐怕是靠船运吧。

西　我想是的，也或许是通过铁路。另外，我非常感兴趣的是原
　　家的眼力。建筑仅凭肉眼观察通常是很难分辨好坏的，也看
　　不出是什么年代建造的。现在的三溪园的建筑经研究人员研
　　究，基本清楚了它们是什么年代的建筑、它们的历史背景如
　　何，这就是最近的事情。而三溪先生或许就是看了一眼，便
　　做出了"这里好"的判断，并搬迁至此了。无论是临春阁，

还是听秋阁，从外形看都是茶室风格，这些优美的设计基本都在关西，关东很少见到。横滨的三溪园有这些真是不可思议，并且建造得非常出色。关于听秋阁的背景有很多说法，有的说在二条城，也有的说在江户城，没有定论，我也并不十分清楚。只是有一点是肯定的，就是它很受欢迎，从全国范围看也是非常受欢迎的。由于日本的建筑为木结构建筑，自古就有拆开搬迁的例子，因此将价值非凡的建筑聚集起来，再像三溪那样布置开来，除了那个年代外别无他例了，尽管现在有类似川崎民家园那样的、来自全国的建筑物博物馆。

临春阁是纪州德川家的岩石御殿

主持人　三溪园中最有价值的建筑是哪座？

西　我想是临春阁。临春阁和听秋阁非常漂亮。临春阁是纪州德川家的岩石御殿。它位于纪之川沿岸，是纪州诸侯的别墅，曾经一度迁址大阪，背景极其复杂。由于该别墅最初是临川而建，所以便于眺望河川。迁至三溪园后，为了充分发挥它的特点，让它濒临池畔观赏池塘。

主持人　这样安置是按照三溪先生的想法做的吗？

西　我想大家对历史都非常熟悉，从前我们请人到家做客时，要有菜有酒，大家一起品诗赋歌，此时景致是最美好的招待。品茶时也同样，如何能获得最美好的景观这和建筑物本身的设计同等重要。我想大家一定很清楚这一点，原家在搬迁时，是考虑到了整个庭院的布置，考虑到了搬迁后的景致的。

鹤翔阁已对公众开放

主持人　今后鹤翔阁将以什么样的形式开放呢？

西　这次开放鹤翔阁，最值得欣喜的就是市民能够使用它了。有外宾来的时候可以使用，这当然也很重要，但现在是谁都可以使用。我想这样就满足了三溪先生的意愿。再有就是最初也有人建议里面要全部设计成西式的，当时我认为这一点必须坚持，但凡对历史背景清楚的人都会忠实地恪守这一点。

最终我们坚持了内部西式的风格，这令我非常高兴，我希望大家知晓原三溪的建筑就是这样的风格。

原 开始听说要建一座新的建筑，我也有些若有所失之感，但后来修缮了旧建筑，实在是太好了。

建筑史研究室毕业生山田由香里针对"三溪园原家老宅的现状"作了如下的陈述：

原家老宅修复之初取名鹤翔阁，作为普通出租设施为民众利用。在解释出租概要的小册子上将它称为"可利用的横滨市文化遗产"。这句话其实是修缮工程实施之初西先生所倡导的。每当现场办公室召开例行会议时，西先生都反复强调这句话。当初参加会议的监理、设计、施工、市政的负责人等都对"利用"和"文化遗产"共存将信将疑。但是随着工程的进展，随着负责人们心境的统一，"可利用的文化遗产"变得现实起来，施工设计和施工方法的选择也更加顺利了。

完工后不久，当我们向三溪园的负责人了解原家老宅的利用情况时，得到的答复是老宅作为聚餐、茶话会、展览会、演奏会、婚礼等场所非常受欢迎，出租收入也很可观。2000年、2003年、2007年，西先生研究室在此举办了三届同窗会，第三次的时候这里繁忙异常，还必须凑在没有预订的日子。

通过对原家老宅的修复，我们比以前更加了解了从明治到大正原三溪绞尽脑汁整修好的庭院样态。2007年三溪园接受了国家名胜的指定。指定说明书认为它在学术、艺术和观赏层面具有很高的价值，并且对该园按照原三溪的设想对公众开放后为众多访客利用这点给予了高度评价。

2007 年在原家老宅娱乐栋举办的西研究室同窗会

在娱乐栋举行的新春厨师节（老宅修复后广为人们利用）

4. 佐贺城城堡御殿（佐贺县）

用木结构复原城堡

佐贺市的佐贺城本丸（城堡）御殿（府邸）也是复原的。那么究竟是如何复原的呢？下面的文章将说明其过程。在复原工程中我担任了以下工作：1994年任历史资料馆（暂定名）建设研究委员会委员，1995年（至2000年度）任佐贺县立历史资料馆（暂定名）建设研究委员会委员，1998年任佐贺城城堡建筑复原研究委员会委员，1999年（至2003年度）任佐贺城城堡建筑复原专门委员会委员长。

位于佐贺市内的旧佐贺城是江户时代锅岛氏三十六万石（石：大名、武士的俸禄，象征领主对领地的统治权力——译者注）的居城，始建于庆长年间（1596—1615）。享保十一年（1726），瞭望楼、本丸御殿、二之丸御殿和三之丸御殿被烧毁，享保十三年重建了二之丸御殿，之后这里一直被用作藩的政治场所。

天保六年（1835）二之丸御殿又遭受火灾，这一次重建了本丸御殿，天保八年11月本丸御殿上梁，天保九年6月藩主锅岛直正进入本丸，因此可以看作是这一年竣工。

1998年，佐贺市实施了佐贺城城堡遗迹之地下遗迹文化遗产结构的详细调查。我仍然担任调查的指导工作。此次调查的结果具体判明了天保年间本丸御殿的情况，特别是确认了良好的地基残留状况，并确认了地基情况与天保年间本丸御殿的说明完全吻合。佐贺县原本拥有建设历史资料馆的设想，在了解了调查结果后，规划并开始研究复原本丸御殿，将其用作历史资料馆。1998年他们将复原本丸御殿的调查工作委托给了以西和夫为代表的神奈川大学建筑史研究室，在收集复原用资料的同时研究复原的可能性。

调查在由建筑史研究人员等构成的专门委员会的帮助下进行，委员会成员的作用就是从专业的角度就复原的方针等给予指导。而这一次委员们实际上不仅仅是指导，他们直接参与调查，满身尘土地进入板房深处，或者参与史料调查，对文件等进行详细分析，等等。在实际的调查工作中他们也发挥了重要的作用，对此我只能说这是十分罕见的。

明治时代以后佐贺城的城堡遗址曾作为县厅、法院、学校等的用地，遗留下来的御殿建筑也被当作各自的设施使用，但到了大正时代，大多数建筑都消失了。现存的天保年间本丸御殿建筑迄今为止除了本丸遗迹的鲸之门、箭楼和岗楼外，只剩下水江町南水会馆了，这一会馆被认为是迁移过来的客厅部分。这次我们对南水会馆进行了详细的调查，结果我们判明这里确实是御殿的遗留建筑，同时我们判明藩主居室的绝大部分也都保留完好，还发现庄野家的仓库很有可能就是迁移后的城堡的仓库。

佐贺城本丸御殿的复原工程于2004年3月竣工，同年8月作为佐贺县立佐贺城城堡历史馆对外开放。2006年还提交了工程报告书。

如前所述，神奈川大学建筑史研究室负责了史料调查和现存建筑的调查，复原工作是在他们的基础上进行的。

（《佐贺城天保年间本丸御殿的复原》《建筑史研究新视点3：复原研究和复原设计》，中央公论美术出版，2001年2月）

复原后的佐贺城本丸御殿玄关部分

从南水会馆迁回并复
原的客厅

复原后大客厅的榻榻
米走廊（可以感受从
前的内部空间）

对出土的佐贺城本丸
御殿地基研究的场景

迁移并保存下来的本丸御殿客厅建筑外观，现为南水会馆

南水会馆小板房后墙墨迹"御座间南平上贯"

对城内具有传承意义的杉树门的调查场景

复原工程开始后的城堡远景

正在修缮的客厅柱子

公主御殿

对建筑物进行复原时常常需要对其所在的街区或区域的建筑进行大范围的调查，理由之一就是明确地域特色，并将其在建筑物的复原中显现出来。另一个理由是弄清楚如何使复原后的建筑融入区域中去，使其与街区的活力接轨，因为复原原本就是街区建设的一个环节。对于佐贺城的复原，我们也对市内的建筑物进行了调查。

多久家的公主御殿

1999年佐贺县开始了为修复佐贺城本丸御殿的调查工作，同类建筑之一的古泽家住宅接受了调查。

古泽家住宅位于佐贺市高木町，传说多久家的公主御殿（府邸）也迁址于此，迄今为止美术史研究人员曾谈及这里保存的隔扇画，但没有人对建筑物的价值和历史背景有过研究。

基于对古泽家住宅的调查结果和文献史料，我们查清了建筑物的历史背景，特别是就多久家公主御殿的搬迁传说，结合多久家文件等进行了讨论。

古泽家住宅的历史和现状

《佐贺城下町账簿》中"嘉永七年寅四月、高木町北"之项下有"酱油屋，与合头（老板——译者注），冈山庄九殿与足轻，三十三岁，古泽忠藏"的记载。嘉永七年（1854）时，古泽家于高木町经营酱油铺，而古泽忠藏是古泽家第六代当家。此外，除了这一记载外，在高木町南和上芦町也有"古泽忠藏，借屋"的记载，从此可以看出古泽家还经营房屋出租。高木町是位于佐贺城东北部的一条东西走向的长街，古泽家位于长街的东端。

古泽家现占地1 250平方米左右，宅院的北边是一条3米左右宽的水渠。房子面朝南面公路而建，北侧是停车场。主建筑的东边建有一座仓库。记录在鬼面瓦片（专用于屋顶栋梁两端——译者注）上的酱油铺的商标以及地窖遗留下来的部分砖墙等，令我们至今仍然可以目睹当时经营酱油业的情景。

住宅部分的核心是带地柜的十二张榻榻米的"本座"和"本座"东边的"八铺席"以及"本座"南面的"鞘之间"这三个房间。"八铺席"连带房间东边的壁橱部分，以前是间十铺席的房间，厨房、玄关等是近年来新盖起来的。"本座"的柱子和横梁使用的是榉木，门窗和天井涂漆，利用贝壳遮盖钉子的痕迹。"本座"和"八铺席"的隔扇门上绘有图画，"本座"的南面和东面是海边群鹤图，"八铺席"的南面取材于源氏物语的原氏配香图，"鞘之间"的北面是草场佩川（1788—1867）的作品墨竹图。"本座"和"八铺席"的分界处嵌着一道花菱格子窗。

古泽家住宅的建筑年代和变迁

通过对天井和屋脊之间的调查，在"本座"的栋梁下方发现了"明治五壬申五月上栋、古泽忠藏康贤造营之、栋梁江头惣助"的墨迹。由此我们判明古泽家住宅是明治五年（1872）第六代古泽忠藏建造的。并且从天井和屋脊之间的零部件的痕迹看，显然这幢建筑当时并非新建，很可能是从什么地方迁移过来的。假如说这幢建筑真的是迁移的，那么它的建筑年代就要早于明治五年。

古泽家保留着两份平面图，其中一份三张重叠粘贴，我们分别重描并研究了这四张图，参照与实物的比例尺，很多地方和现在的占地及配置相一致，因此证明了它们就是古泽家住宅的配置图兼平面图。

图上没有年代记载，但从比较研究看，古泽家迁址这里后至少进行过五次改建。

多久家公主御殿迁移的可能性

古泽家住宅所设计的内部大小是一间六尺二寸一分。据说佐贺市的和式房间大小既有六尺三寸的，也有六尺二寸的，多久市为六尺二寸。可以肯定古泽家住宅的六尺二寸一分与多久市内使用的标准尺寸相同，但是否是源自多久家的尺寸这点还无法断言。

"鞘之间"北侧的六幅墨竹画从落款来看，出自草场佩川之笔。

佩川出身多久，曾任多久藩校的教授。佩川的画作暗示着这幢建筑和多久家的渊源。佩川不仅是多久儒学的代表人物，同时擅长墨竹画和书法，其作品收藏于佐贺县立博物馆等场所。此外《草场佩川日记》中还可以看到他曾在多久家领地内工作过的记载。

"八铺席"隔扇门上的画的主题是源氏物语，"本座"遮盖钉子痕迹的装饰物也取材于《源氏物语》，据美术史专家千野香织指点，据说这应该是为女性而造的建筑。在隔扇门上的绘画中我们没有发现修改的痕迹，从四幅画的大小看也符合公主御殿的特征，可以说这些都提高了建筑物为迁移而至的可能性。

这幢建筑被看作是"位于城内北之丸的多久家公主的房子迁移过来的"。城内的确坐落着占地宏大的"多久宅邸"（上宅），城外也有多久家的宅邸，为下宅，除了水之江宅邸、中之馆宅邸、别墅赤松宅邸外，还有分封的多久临时宅邸。

在展示多久家宅邸状况的《御屋敷古御家御指图》和《中馆御指图》中，从柱子的位置和边柜的状况看，我们很可能找到了古泽家住宅以前的建筑平面图。其中《中馆御指图》中的"御居间"（起居室——译者注）的可能性最大。但是除了主室以外，也存在着很多不一致的地方，是否就是现存建筑的前身还无法断言。据《御徒方日记》（多久家史料）记载，"明治三年5月25日，宅邸、书院等迁往佐嘉中之馆"。明治三年（1870）城内多久家上宅迁址中之馆。倘若以前的建筑就是上宅的话，那就有可能是明治三年先拆解，将其保存于中之馆，明治五年重新搭建。如果不是这样，中之馆中保存的是"御居间"的话，可以认定它是明治五年迁移至此的，凡此种种，现在无法断定。

对古泽家住宅的调查以及与文献史料等的对比研究，使我们弄清楚了以下几个问题：一、古泽家住宅由第六代传人古泽忠藏于明治五年建造并经营；二、现所在地的房子不是新建，而是从某个地方搬迁而来的，这可以从天井和屋脊之间的零部件痕迹等得到证实；三、根据古泽家保留下来的绘图，可以肯定从搬迁至此到现在至少进行过5次改建；四、房子内部使用隔扇门绘画和贝壳进行装饰，遮盖钉子的痕迹，从绘画的主题分析，房子很有可能是女性居住的御殿；五、草场佩川的墨竹画充分显示了多久家宅邸迁移至此的可能性。

因此，古泽家住宅很有可能如同传说的那样，是佐贺城多久家公主御殿搬迁过来的。现存的专为女性所建的御殿很少，而从建筑的角度而言，此幢住宅又非常杰出，所以我们强烈希望能够将其作为佐贺县内现存的宝贵文化遗产保存下去。

（《日本建筑学会北陆大会学术讲演梗概集》，2002年8月，与长谷川佳代·山田由香里联名发表，此处略去了文章中的注解）

关于这幢建筑物的由来已经非常清楚了，建筑物的质量也非常好，所以我们认为应该设法将其搬迁保存，放在城内的某个地方。但遗憾的是，这一想法没有实现，但是类似这样的调查研究以及关于搬迁保存的提案，也是城市建设的一个组成部分。

古泽家住宅内的地柜

5. 出岛荷兰商馆（长崎县）

再现出岛

截至目前，长崎市的出岛复原了 10 栋建筑。其中第一期工程于 2000 年完成，复原了 5 栋。我担任了复原研究委员会委员长，至今仍在帮忙做着整理完善的工作。在此我以第一期工程完工后写就的文章，对复原的背景等作一说明。

公元 2000 年正值日本、荷兰交流 400 周年。作为纪念活动的一环，长崎市加快了出岛荷兰商馆的重建。江户时代，出岛是对外开放的一个重要据点，而今天这里街区环抱，几乎隐匿了岛屿的痕迹，曾经有过的荷兰商馆的建筑也荡然无存。来到出岛的游客们脚踩着出岛的土地，发出"出岛在哪里"的疑问。

为此现状而忧虑的长崎市政府，开始了与市民齐心协力重塑出岛的行动。话虽这么说，现在早已不可能恢复从前的岛屿了。现在岛屿的南面和东西两侧是公路，西面是宽阔公路的一部分，通行市内电车。岛的北面是中岛川。乍看上去这似乎展示了岛屿的容貌，但是由于明治时期拓宽河流时，削砍掉了岛屿的很大一部分，所以如果要复原的话，就必须将河宽的一半填埋起来。为了至少能让人们看到当初岛屿的范围，我们使用了改变道路表面颜色、路面打桩等各种方法。但是普通游客甚至不清楚这些标示的意义。

看来最容易令人理解的还是建筑物的复原，因此我们决定重建荷兰商馆。但是我们无法一次性地重建所有建筑。岛屿的北侧有很大一部分处于河流中央，无法建造房子。一些私有土地上也建有属于个人的建筑。我们只能在公有的土地上建设。

于是我们决定第一期工程先在岛屿的西部重建第一码头、第一仓库、第二仓库、账房、炊事房这五栋建筑。我们以尽可能忠实地还原历史为基本方针，开始了可以用作依据的史料的收集工作。

为了重建荷兰商馆，昭和五十三年（1978）长崎市已经召开过第一次审议会，开展了史料收集工作，其成果汇总在《出岛图》（中央公论美术出版，1990改订版）中。这一次我们仍然以此为基础史料，并对莱顿（荷兰）的国立民族学博物馆收藏的出岛建筑模型进行调查，重新开展了全方位的史料收集工作。

为了推进重建，我们成立了重建研究委员会，加快了史料的收集、分析和重建的设计工作。为了将调研的进展情况和成果尽可能广泛地告知市民，我们还举办了公开的研讨会和与市民的对话活动。

作为重建依据的史料可以分为以下7类：发掘成果、可供参考的同类建筑、文献史料、老照片、老旧地图、模型以及绘画史料。其中最基本的史料就是发掘成果。我们对建筑物所在地和出岛石墙进行了发掘，虽然由于曾经建有钢筋混凝土建筑，有些地方的地下状况破坏严重，但除此之外确有很多发现，诸如标明建筑物的位置和规模、结构等的石头地基和石墙等。我们出土了陶土管道、器皿、水壶、玻璃瓶的碎片和动物的遗骨，由此也可以一窥当时的生活情景。

接下来作为同类建筑物，我们调研了长崎室内的旧商铺和旧仓库。虽然这些不是出岛的建筑，只能做些参考，但其中不乏江户时代的建筑。由于出岛的建筑很多都是长崎的木匠建造的，所以在了解建筑物的构造、设计、特别是细节处理的具体情况等方面都获益匪浅。

文献史料丰富多彩，既有荷兰商馆长日记中与建筑相关的记载，也有荷兰海牙公文资料馆保存的修缮出岛建筑时的预算材料等。虽然老照片只有稍晚些时候的，但幕末到明治初期的照片对了解商馆长的房间和财务总长的房间的情景很有帮助。此外，古旧地图中也有的标示了建筑物的平面、规模和房间分布情况，尽管它们并不是这次我们将要重建的建筑物的设计图。

以上这些史料都没有展示出建筑物的立体形象。要想了解建筑物的立体形象，模型和绘画资料可用作参考。模型是由日本制作的，由商馆长卜罗穆霍夫送往荷兰，关于这些的历史背景通过马蒂佛拉（荷兰莱顿国立民族学博物馆艺术部长——译者注）的研究很多细节已然明了。我们赴荷兰实际测量了这个模型，经过细致研究判明了以下几点：一、建筑物强调高度；二、柱子等的建材以及窗户、进出大门等地方使用的材料和实物并不对应；三、储藏间等房间内部没有任何建设的地方另当别论，内部有建设的地方，从房间的分隔到楼梯等有很多值得参考的地方；四、在模型制作完成到现在的这段时间里，虽然经历了改建和修缮，但慎重研究的话，当初的样子依然可见；等等。

另外绘画方面的史料通常称作出岛图，有很多描绘整个出岛或出岛建筑的资料散落在海内外。关于这些一直以来有许多研究成果，只是创作年代清楚的作品非常罕见。当我们探讨一直以来传说中的作品年代时，其根据基本上都站不住脚。当你将几幅作品一起比较时，你就会发现同样的建筑在不同的作品中呈现出各种各样的形态，有很多矛盾的地方，无法将描绘上的不同当作建筑本身的变化。原本绘画就是以某一作品为基础，创造另一幅新的作品，在此创作过程中出现任何变化都不足为奇。出岛图也毫不例外。

总之，模型就是模型，绘画也只能是绘画，我们无法凭借模型和绘画来设计相同的建筑，这实际上是非常简单的道理。但当重建工作迫在眉睫之时，这一切便被遗忘了。当我参与重建工作、出席长崎的审议会时，令我感到震惊的是会议到处充满着这样的呼声——"有模型和图画，重建很快就能完成"，"不用再研究了，尽快建设吧"。

幸运的是，在重建研究委员会的努力下，重建设计工作获得进展，1998 年 7 月工程开工。虽然到竣工为止，我们还需要解决许多课题，但从这一天起，我们欣喜地期待着出岛重现的那一天。

（《日本历史》第 608 号，1999 年 1 月）

淹没在都市中的现在的长崎出岛

出岛西侧重建前的情景

2000 年 4 月第一期
工程竣工典礼

2006 年第二期工程竣
工，从西望去已有 10
栋建筑复原

为复原面向市民召开讲演会

要重建就必须得到市民的支持。在这一想法下，我们从规划重建的阶段开始直到工程竣工，每年一次、共计四次面向市民举办了研讨报告会。主题如下：

为了重建出岛荷兰商馆。1997 年 3 月 16 日。

再现出岛——荷兰商馆重建现状。1998 年 4 月 12 日。

迎接出岛荷兰商馆重现。1999 年 11 月 6 日。

即将复苏的江户时代荷兰商馆。2000 年 4 月 15 日。

在四次研讨报告会上，我就重建的目的、方法、意义等作了反复的说明，在重建施工过程中我们多次遭遇困难局面，我们是一边解决难题，一边推进的，因此每一次的演讲中我都向市民汇报了进展的艰难状况。

下面就是四次研讨报告会上我的演讲实录。

为了重建出岛荷兰商馆（首次演讲）

出岛是宽永十三年（1636）建成的人工岛屿。虽然建成之初岛屿不大，但从陆面必须过桥才能登岛。现在岛的周围已经填埋起来，旁边有市内电车行驶，完全没有了岛的模样。岛屿的建造者是长崎有力町的 25 人。最早进入这座岛屿的是葡萄牙人，那是 1636 年的事了。当时荷兰商馆建在平户，荷兰人将严格限制进出的出岛唤作"监狱"。

但是到了 1641 年，那些荷兰人来到了出岛。那以后直到 1859 年荷兰商馆废弃，出岛作为日荷贸易的据点，同时也作为西欧信息进入的窗口，作为先进科技的信息源头，一直发挥着重要作用。

拥有这般历史的出岛，谈到对她的评价，人们常常说她作为江户时代对外开放的唯一的窗口具有举足轻重的意义。例如我们查阅《广辞苑》，其释义是"锁国期间我国唯一的对外贸易地"。这可以说就是一直以来人们对出岛最普通的理解。但是现在的研究人员对出岛的理解却有所不同，他们认为江户时代的对外窗口不仅有出岛，还有琉球（现冲绳）、对马、北海道的松前等四个窗口。琉球与中国交流、对马与朝鲜交流、松前与阿伊努族交流（虽然不是海外），虽然长崎的出岛不是唯一的对外窗口，但是作为获取西欧信息的、日本向西欧发送信息的窗口，出岛的确是一个非常重要的存在。具体情况请大家翻阅马蒂·佛拉的报告。马蒂的报告超越了一直以来对出岛的研究水平，是一次非常具体、全新的研究。

那么出岛究竟拥有哪些建筑呢？一直以来我们不甚了解。通常被称作出岛图的绘有出岛的绘画作品有很多，所以人们始终认为画中所描绘的建筑都是存在的，但是当我们调研后发现，不同的作品对同一建筑有着各式各样的描绘，哪个为真不得而知。正如我们常说的"绘画是夸张的"那样，绘画说到底还是绘画，通过绘画难道我们就能了解建筑的情况了吗？并不是的。

在出岛荷兰商馆，荷兰人经雅加达将贸易品运到日本，运来的物资不仅包括向日本人出售的货物，也包括送给将军的礼物。当时携带着这些货物，荷兰人与同行的日本人集体从长崎前往江户的情景称作江户参府，这样的旅行也成为了向日本人传授科学知识的机会。科学知识的传授在出岛以及出岛以外的长崎市内也同样进行着。因此长崎在当时是日本的先进之地，长崎作为接收并发送科学知识和西欧信息之基地，如此这般地发挥了巨大的作用。从这个意义上讲，也可以说是新文化的中心，而中心的中心便是出岛了。

尽管出岛发挥着如此重要的文化作用，但她真正的形态却并不被大家所了解。构成这一结果的最大原因就是现在的出岛本身隐没在了城市之中，建筑物消失，岛屿的状况不得而知。也是在这种情况下，长崎市决定重建出岛的建筑。建筑物复原的意义在于让更多的普通人了解出岛的历史。

下面在介绍复原过程的同时，就出岛的历史和文化作一说明。

我想说的主要有三点。第一点是关于出岛重建的经纬和经过；第二点是关于出岛是否有可能重建。更深入一点说的话，就是想谈一谈重建的困难。刚才就重建的可能性问题，我接受了采访。我的回答有些禅宗味道："可能性的话说有则有，说无则无。"采访者大为困惑。关于这个问题我想谈一谈。第三点是关于为了让重建变得可能，我们需要如何推进，今后应该向着什么样的方向努力。

长崎市从很早的时候就展开了重建出岛的讨论，也就是说这是市民的夙愿。为实现重建，昭和五十三年（1978）到昭和五十八年（1983）成立了委员会，开展了讨论。委员会投入精力收集重建的基础史料，出版了图书《出岛图》。如果说那次讨论是第一次的话，现在所进行的作业便是第二次。1996年5月成立重建研讨委员会，成员中建筑史专家4人，美术史专家2人，共计6人。我们应邀参与重建研讨。那么将近1年的研讨都做了哪些工作呢？首先要重建就需要史料，我们全面收集了所需的史料。虽然第一次的研讨也收集了史料，但并不充分，这一次又进一步收集，并进行了详细的研究。大家十分清楚，描绘出岛的图画非常多，迄今为止也一直是以为只要有图画就能够复原，这次我们讨论了有图是否就能简单复原的问题。荷兰的莱顿国立民族学博物馆收藏有精致的出岛模型，围绕这一模型，我们也进行了研讨。

这样的工作我们做了1年。通常随着研讨的进展，重建的方法将越来越清晰，但这一次令人困惑的是常规的办法根本行不通。关于这一点迄今为止我们谈得比较少。我们甚至成立了出岛复原整备室这样一个长崎市的公共组织，每当遇到机会报纸和电视都会加以报道，但我觉得重建难的信息并没有传达出去。媒体只是强调了复原获得进展、一切会顺利的、未来已经露出了曙光这一层面，而实际情况并没有那么简单。

那么，实际上我们又是如何具体推进研讨的呢？下面我就来谈一谈。

描绘出岛的图通常称作出岛图。由于出岛图对出岛的建筑描绘得很具体，所以很多人便觉得照猫画虎就可以了，但事情并非如此简单。例如建筑物的反面没有任何描绘，到底是怎样的一种情况，我们不得而知。即便是同样的建筑，不同的作品描绘的方式也不尽相同，因此依据绘画史料盖房子绝不是一项简单的操作。

荷兰莱顿民族学博物馆藏有出岛的建筑模型，很多细节部分都清晰地反映出来了。但模型毕竟只是模型，不能按照模型建造房子。即使两层高的建筑，模型与实物的高度也有所不同。如果按照模型建造的话，成就的建筑在高度上就会和实际的不一致。这之间的区别反映了制作模型时的意图差异，至少它们可以分为不同的两个种类。迄今为止，连这一点我们都没有意识到。

现在出岛的发掘工作获得进展，其成果也是重要的史料。例如我们发掘出了建筑物遗留下来的结构，或许就是建筑物的地基，而且也在对其进行研究。我们用线将排列着的石头绕起来，核实这些石头是否就是当年建筑地基所在的位置。虽然发掘的成果与绘画史料以及模型相比能够提供更加直接的信息，但问题是这遗留下来的结构是否就是江户时代的，我们不得而知——或许它属于明治时代，也或许是更加新的东西，因此需要慎重研究。

由于重建需要史料，我们还对现存的建筑进行了调研。例如坐落在长崎市的三上家住宅属江户时代的建筑，它可以成为我们重建时的参考，这是因为出岛的建筑全部由长崎的商人出资，由长崎的木匠建造，所以所用技术是相同的。调研时我们查明松尾家的住宅也可以追溯至江户时代，并挂出了牌子，同时对其进行了详细的测量，判明了房子使用的是基本尺度，一间的大小为6尺3寸。

我们就是这样收集史料推进研讨的。总体看来绘画归根结底还是绘画，不能照搬使用；模型也只能是模型，并不是说扩大后就能成为建筑。此外发掘成果的利用也非常困难。总之无论何种史料都存在着一定的局限性。

接下来第二点我们来说一说"重建并非易事"。

如前所述，用于出岛重建的史料的确有绘画、模型、发掘成果、文献等几种，但作为史料它们又都具有一定的局限性。重建之时，我们还需要原始设计图或直接与原始建筑相关的文件和老照片。例如建筑物的老照片是最有力的史料，而出岛却没有我们企图复原的1820年前后的照片。后来的幕末、明治的照片倒是有，但却不是当时代的东西。我们也没有建筑物初建时期所制定的设计图。最困难的是，我们并不了解某个特定时点的情况，我们所知晓的都是不同年代的零散情况。说句颇具讽刺意味的话就是"知道的越多困难也越大"。

第三点就是我们到底该怎么办？有一个办法是如果不能将情况弄清楚就不复原。从遵从学术严谨性的角度出发，这的确是一种解决问题的办法，但作为研究委员会却很难给出这样一个答案，这是早已认定的了。就算我们说"放弃重建"，恐怕大家也很难接受。尽管现实也存在着迫不得已要对重建说不的可能，但那样无法回复长崎市的满腔热望。所以我们决定暂且不管能还是不能，先朝着重建做下去。那么究竟应该如何去做呢？

第一就是不能只是我们委员们认为困难。我们必须让市民们知道如何困难，应该如何去做，并且取得市政府的充分理解，大家集思广益，共同思考"非常困难，应该如何办"的问题。没有这一前提，重建工作就无法进展。我们认为不能让大家觉得"只要有图画就可以"，要让所有人都充分认清重建的艰巨性，这就是我们的起点。

其次，有一种误解认为复原的目的仅仅是为了旅游事业。如果人们的认识停留在复原仅仅是为了发展旅游业上，那么重建就做不好。有必要保持一个基础认识，即"重建就是研究"。这一点非常重要，克服困境的前提是需要长崎市全体市民将其当作一项新的研究来思考，只有这样才能推进事业进展。

对于这次调研的进展，长崎市政府也并没有完全理解。有些人认为只要有绘图就能够复原，因此似乎有人说："为什么要研究呢？""不是有荷兰村和荷兰风情街吗？那就足够了。"我们不得不给出这样一个答复，即只要上面这种想法存在，复原就不可能实现。复原要靠大家，研究需要相应的时间，也需要人手和资金，必须是大家共同思考，才能将其变为可能，才能够取得进展。我认为只有具备了这样的思想基础，才有可能战胜困难，我们也要和市民们团结一致，共同克服困难。

（《第一届日荷交流 400 周年纪念国际研讨会记录 为了重建出岛荷兰商馆》，长崎市教育委员会、史迹《出岛荷兰商馆迹》建筑物复原研究委员会，1998 年第一版，1999 年再版）

在荷兰调研出岛模型的场景

在出岛发掘现场展开研讨

重建工程开始后继续研讨的场景

重现的出岛——荷兰商馆复原之现状（第二次演讲）

重建出岛的愿望由来已久，长崎市一直致力于重建的准备工作，目前的状况是，到访出岛的很多人站在出岛的土地上在问寻着"出岛在哪里"。这里曾经是一座岛屿，而今却埋没在了都市之中，根本窥视不到岛屿的痕迹。所以目前的状况是好容易来到了出岛，却一点也找寻不到出岛的模样。一定要设法让人们看到当年的出岛的模样，这便是长崎市思考重建出岛的动机。

建筑史、建筑设计、美术史的专家们就是否可以复原、倘若可以应该如何推进的问题开展了讨论，并决定首先重建位于出岛西侧的完整的五幢建筑。出岛有许多建筑并排而建，为什么偏偏从这五幢开始呢？下面我就此进行说明。

理所当然，目前有其他建筑物存在的地方是无法复原旧时建筑的。长崎市虽然锐意落实土地的公有化，但没有收归公有的地方是无法建设复原建筑的。出于这样的原因，出岛西侧便成了最适合的地方，我们选择了五幢建筑。当然土地收归公有除了这里以外，其他地方也在进行，如果建设场所可以分散的话，其他也有可以重建的地方。但过于分散的话，建筑物建造后，不容易把握相互之间的关系，因此这一次锁定了西侧的五幢建筑作为复原的对象。

面对复原，我们确定了一项基本方针。那就是忠实于历史，尽可能地正确还原。那么什么是"忠实于历史的复原"呢？具体说就是首先全面收集相关的史料并加以研究，然后利用史料，明确展示复原的思路。这就是我们的基本方针。

利用历史性的史料进行复原。那么什么才是历史性的史料呢？这里我们可以列举七类：

一、发掘的所见和成果。当我们按计划挖掘时，有些地方由于曾经建造过钢筋水泥建筑，地基非常深入，无法获得任何结果；但也有很多地方会有很多发现。也就是说出现了很多表明建筑物位置所在的石头，使我们清楚了建筑物的规模和位置。我们将这些作为重要的史料。

但是仅凭挖掘成果是无法了解建筑物的立体形状的。因此，第二点就是参考长崎市内相同技术建造的其他建筑，因为出岛的建筑基本上都是由日本人、即长崎人建造的。我们将这些建筑称作同类建筑，并对现存建筑中可以用作参考的同类建筑进行了调研。长崎市内有几座江户时代的建筑，对它们的调研为我们获得立体形状资料提供了参考。

三、全面收集文献史料。例如荷兰商馆日记。通过日记了解到了出岛有过什么样的建筑，它们都有过怎样的用途。这些是非常重要的可参考的史料。

四、利用老照片。遗憾的是，我们没有掌握希望复原的时代的老照片，只有一些后来的照片。但是，商馆长房间和商馆次长房间所在的建筑在后来的时代里一直得以继承，老照片中的形状可为我们参考所用。

五、绘图。我们拥有在了解建筑物房间分隔和布置方面可供参考的平面图和分隔图，并一直将其用作参考。其中，有的标明了建筑物规模纵向几间、横向几间，使我们知晓了建筑物的大小。

六、利用模型。由于模型是立体的，在对建筑物进行复原时成为了重要的信息来源。但遗憾的是，并不是将模型扩大就能还原建筑的。模型就是模型，并不是实际建筑物状况的浓缩。我们要在充分考虑模型性质的基础上加以利用。

最后的第七点就是绘画资料。关于出岛和长崎湾，留存有以画师川原庆贺作品为主的很多绘画。绘画不仅有立体感，而且清晰易懂，只是正如"画为虚构"一词所言，它并非实物的真实写照。如果我们不能时刻牢记画终归是画的话，就会在处理方式上出错。因此只要记住绘画的局限性，便可以参考利用。

上一次召开研讨会时，我们已经介绍过拥有如上的史料，但凭借这些史料是否就能完成重建，从委员会的角度来说还没有一个明确的结论。那以后经过一年的研讨，仅就这次的五幢建筑我们得出了结论，可以设法复原拥有明确的历史依据的建筑——我们终于可以开始建设了。

但是，我们委员会认为可以，并不意味着可以按照我们的意旨立刻开始建设。出岛是国家指定的历史遗迹，在这里建设，或者说要改变现有的状况，必须得到文化厅的许可。这样，长崎市向文化厅的研讨部门提交了复原研究委员会制定的出岛复原方案，文化厅对此进行了反复的论证。1998 年 3 月末，我们获得批准可以按照市复原设计开展复原。长崎市筹备预算，于 1998 年开始启动复原工程。

正如前面所言，重建将还历史以本来面目，但实际操作起来还是有很多需要面对的问题。例如对地震和火灾的考虑。并不是说江户时代对地震和火灾就没有考虑，但不会有现在这样的地震对策和火灾对策。因此，原封不动地按照江户时代的样子建的话，在面对地震和火灾等问题时，就会有不完善的地方。现在盖房子受到建筑基准法和消防法的制约，在重建设计时就必须清晰地体现出来。

此外，对于残障人士和老年人的考虑，也就是说必须落实无障碍对策。例如自动门和电梯的设置、轮椅的进入，等等。但是如果轮椅进入，便和"忠实于历史的复原"相互矛盾。虽然这些问题非常棘手，但建筑物不是用来看的，而需要实际使用，所以我们决定对于无障碍给予积极的考虑。我们的重建设计既考虑了忠实于历史，又应对了现代化的使用方式。

复原重建工作虽然有很多有利的方面，但问题和课题也是显而易见的。例如对长崎来说复原重建到底意味着什么，这一点如果不考虑清楚的话，复原后就有可能反悔。复原之前必须充分着眼未来，必须考虑到今后的有效利用问题。这一点毋庸赘述。

（《第二届日荷交流 400 周年纪念国际研讨会记录 重现的出岛—荷兰商馆复原现状》 长崎市教育委员会、史迹《出岛荷兰商馆迹》建筑物复原研究委员会，1999 年）

迎接出岛荷兰商馆重现（第三次演讲）
复原的建筑终于展露了具体的形态。复原的准则是"忠实地还原历史"。现在各地都在做建筑物的复原重建，但并不一定都能忠实于历史。通常这些也都称作"复原"，但我所认识的"复原"却有所不同。全面地收集史料，在现阶段下展开充分的研讨，建造 19 世纪的建筑。这才是忠实于历史的真正意义上的"复原"。

当然尽管我们说建造江户时代的建筑，所使用的技术和工艺却只能是现代的，但是我们要为尽可能地再现当时的建筑而努力。如果是木结构的就要使用木头，如果是土墙就要使用泥土涂墙。使用泥土涂墙时，现代采用的工艺是先粘贴纸板，然后再在纸板上涂上泥土，而我们却不使用纸板。江户时代的通常做法是使用长的竹条打底，在竹条上涂泥，所以这次我们也完全按照这种方法来做了。

这次我们复原，发掘的成果是第一手史料。即从地面下发现了构成基石，抑或是支撑墙壁和柱子的石头，对此我也大为震惊。我们原以为盖过钢筋混凝土的大楼和住宅后，地下的情况会发生彻底的改变；但挖掘以后发现，仍然有很多反映江户时代状况的内容。首先我们利用了这些内容。

此外，我们分析、利用了商馆长遗留的日记和书信，这些东西也非常起作用。并且我们还拥有一些绘画和绘图，荷兰莱顿国立民族学博物馆还收藏有出岛的建筑物模型，这些我们都进行了研究和利用。

描绘出岛和长崎湾的绘图通常称作"出岛图"，我们还拥有大量的"出岛图"。只是尽管绘图中的出岛和建筑物都是立体的，但是对绘图我们并不能原封不动地加以信任并再现，所以绘图史料的使用是有限的。

我们将以上这些史料充分地利用起来，在批判的同时用作依据进行新的设计，其结果出现了现在的建筑。施工过程中我们开放工地，参观者或许享受到了工程本身的乐趣吧。

2000 年 1 月工程竣工，我们的愿望是所造建筑不仅可以从外部欣赏，同时可以加以利用。我们希望各位市民、各位由全国各地乃至世界各地来到出岛的朋友利用我们的建筑。关于建筑物的利用方法我们正在研究，有几幢楼已经确定了使用方式。

第一仓库和第二仓库将展示出岛的历史等。商馆次长房间所在大型建筑的二楼有一个可容纳百人左右的大厅。原本我们想忠实地再现建筑物内部的情景，遗憾的是由于史料缺乏，无法全面再现，因而索性就将其用作大厅。

为纪念日荷交流 400 年，2000 年将举办各种各样的活动，我们也在推进我们的企划。具体说来就是举办木工工具展览会。在我们努力研究莱顿国立民族学博物馆所藏的出岛的史料之时，马蒂·佛拉先生对我们发出邀请："博物馆收藏有大量的日本木工工具，我们一起研究吧。"我的专业是建筑，对此很有兴趣，所以开始了共同研究。

在这些工具中历史背景清楚的有一百多件，这一百多件的的确确都是日本的木工工具。为什么它们会在荷兰呢？大家一定觉得很奇怪吧。其实这是荷兰商馆长在日本收集后运回去的，它们悄悄地躺进了荷兰的博物馆。木工工具原本是用到最后就扔弃的东西，是不会留存起来的。好的工具会磨砺后继续使用，所以它们会越用越短，用到尽头便作用殆尽而放弃了。仪式中使用的工具另当别论，通常工具是不会留给后代的。

实际上在日本19世纪20年代前后江户时代的木工工具几乎已经绝迹。神户有一家叫作竹中木工工具馆的专业博物馆，那里收藏有各种各样的木工工具，日本全国各地的民俗资料馆等也有各式收藏，但确凿无疑是江户时代的工具并不多见，而荷兰的工具却是千真万确的江户时代的产物，并且数量可观。这是非常罕见的例子，我们想，一定要在故乡日本举办回乡展览，2000年4月初展览会揭幕。

展览会的第一站就是长崎，选择长崎是缘于工具是由出岛荷兰商馆的人们收集的，而且也是由于这次将重建出岛的缘故。我们计划出岛复原后的建筑在严谨的学术研讨之后公开展示，4月份配合出岛复原建筑的揭幕，召开竣工纪念研讨会。

建筑物很快就将竣工，我也处在一种非常兴奋的状态中。市民们的热情使得复原变为可能。请大家一定前来观赏。

（《第三次日荷交流400周年纪念国际研讨会记录 迎接出岛荷兰商馆重现》，
长崎市教育委员会；史迹《出岛荷兰商馆迹》，建筑物复原研究委员会，2000年）

第三次研讨会的情景

第四次研讨会（地点为商馆次长大厅，马蒂·佛拉先生和夫人佛拉国子女士出席）

即将复苏的江户时代荷兰商馆

重建的五幢建筑于 2000 年 4 月 1 日揭幕典礼，这次的研讨会是第四届研讨会。每年一届，已经步入了第四个年头。第一届至第三届的研讨会，我们出于向市民们转达正确的和最新的信息的考虑，就如何推进重建工作、我们的主旨和目的是什么、工程的进展情况如何等，进行了汇报。回顾每一届的主题，迄今为止的路程清晰可见。

第一届"为了重建出岛荷兰商馆"，其主题就是复原是否真的可以实现。虽然长崎市承诺要努力建设，但事情真的能一帆风顺吗？复原真的可能吗？在这样的主题之后，第二届"再现出岛——荷兰商馆重建现状"的主题便使我们终于看到了曙光。第三届"迎接出岛荷兰商馆重现"的主题是眼看就要落成了，我们快要走过来了。最后就是这次的第四届"即将复苏的江户荷兰商馆"，主题是"庆祝落成"。通过上面的几个主题，工程进展情况一目了然。

这段时间我们确实得到了很多朋友的协力和奉献。暂不说长崎市的贡献，复原研讨委员会的各位成员在复原重建上就给了我们很大帮助。其中荷兰国立民族学博物馆的马蒂·佛拉先生对我们的调查所提供的支持无法用言语表达。夫人佛拉国子女士也给了我们很多帮助。在他们的帮助下，我们终于迎来了今日的竣工。因此庆祝今天的竣工就是我们的一个主题。

另一个主题就是木工工具。莱顿国立民族学博物馆收藏有许多木工工具，这也是马蒂·佛拉先生告诉我们的。马蒂先生说，这些工具看上去都是日本的工具，我们一起来研究吧，于是我们开始了共同的研究。通过研究，我们澄清了这些工具的历史背景。通常木工工具并不是用来观赏的，它们提供使用，报废后扔弃，是不会留给后世的。莱顿国立民族学博物馆收藏着1820年前后荷兰商馆的官员们在日本收集的所有物品，其中也包括一些现如今日本所没有的物品。庞大的物品之一便是木工工具。木工工具是一种非常有趣的存在，通过它们可以窥视时代的建筑以及建筑背后的文化和历史。

这些工具非常珍贵，连日本都没有保存，我们决定将它们运回来，在出岛、神户、横滨、佐仓举办回乡展览。现在第一仓库所展出的就是这些工具。今天的研讨会就是为了纪念以上两件事情。但是也不仅仅是为了这些。我想五幢建筑的竣工虽然是一个段落，却不是终结，它也是下一步的开端。那么接下来我们该如何做呢？该如何继续向前迈步呢？我想和今天到场的各位一起思考这个问题。这是今天研讨会最重要的内容。市民们如何去培育竣工后的建筑？我们必须将它们培育好，以充分的利用使它们生机盎然，这是一个非常重要的问题，同时也是我们面临的一个巨大课题。我们当然渴望重建的建筑增加，但建筑增加并不一定就是好事，重要的还是市民们的爱护和培育。以上便是今天的企划主旨。

（《长崎出岛文艺复兴重建荷兰商馆》，西和夫编，戎光祥，2004年2月）

以上便是第一期工程复原五幢建筑时每年一次、共计四次的演讲。每次会议并不仅仅是由我演讲，还有委员们的研讨和回答现场的提问等。提问不仅有关于对复原史料的质疑，还有关于如果经费允许，希望建设医院等方面的建议。第一期工程已于2000年完成，第二期工程的另外五幢建筑也于2006年完成，现在共计完成十幢建筑。这两期工程的核心是商馆长曾经使用过的房间，在二楼的一室，我们重现了当年的家具和照明，在莱顿国立民族学博物馆马蒂·佛拉先生的指导下，还重现了当年就餐的情景。

今日出岛，从西北眺望 10 幢复原后的建筑

复原后的水门和步行街

感受出岛的街区（从西边拍摄的中央大道）

6. 建筑复原的课题

复原是一项研究

建筑物的复原常常出现在历史古迹中。历史古迹是城市重要的历史遗产,是城市建设的重点,如何对待将对城市的活力产生巨大影响。从这个意义上讲,建筑物的复原在城市建设中起着重要的作用,需要慎重对待。接下来我将复原存在的问题整理如下。

近年来,全国范围扎实推进历史古迹等的整理保护工作,对于古迹的利用也下了不少功夫。但是暴露出的种种问题也是事实,如何才能避免问题的出现是我们面临的课题。

下面我将举出几例我所参与的缺乏经验的案例,聚焦问题,指出今后应该注意的地方。

来自建筑史学会研讨会

1999 年 4 月,长崎市举办了建筑史学会总会的纪念活动——"历史性建筑复原的现状及问题:以历史古迹的案例为核心"研讨会。建筑史学会由建筑史研究人员和考古学、美术史、历史等相关领域的研究人员等组成。这些人员的参与表明了目前人们对历史古迹的整理和保护所寄予的关心。

研讨会的主旨有以下几点:

近来,在历史古迹和次历史古迹的地方建筑物复原的案例增加。为什么要复原过去的建筑?因为这种做法最容易使普通百姓了解古迹、看懂古迹,但是其中也不乏问题的存在。

排在首位的就是复原到底是好还是不好这个根本性问题。倘若复原,理所当然应该先从学术的角度出发进行研讨,然后再行操作。然而由于预算、人员以及时间等的限制,很多情况是并没有经过充分的研讨。既然没有充分研讨,那么贸然复原到底可行不可行,人们对此议论纷纷也是理所当然的。此外,当复原方式的答案不能聚焦于一种的时候，应该制订多个复原方案，但最终却只有一种方案。并不是有模型就能够按比例放大至实际大小的。还有就是在漫长岁月中经历变迁的建筑物，究竟应该复原至哪个时间点，这也是一个非常难解的问题。如上这般，建筑物的复原面临着各种各样的问题。

这些问题不只是建筑物复原本身的问题，还有我们在整理保护历史古迹时或多或少都会遇到的问题。整理与保护，倘若有几套方案出现，通常也只能采纳其中之一。基于此，我们强行整理和保护是否可行？当然，不做整理和保护、放任不管也是不行的。那么到底应该如何是好呢？

面对复原纷纷上马的现实，建筑史学会的研讨会并不是要研讨复原的是与非，而是应该研究如何正确把握状况，知晓面临的课题和出现的问题，找到解决问题的办法。

关于研讨会的详细内容，已经刊登在了《建筑史学》第 32 期（建筑史学会，1999 年 9 月），在此不再赘述。通过古旧建筑复原所存在的问题，我们可以看到对历史古迹整理保护的全貌，因此接下来我就此内容再做一些介绍。

浮出水面的问题

研讨会首先从主旨说明开始（西和夫，神奈川大学），继而报告了四个案例。这四个案例是《全国自治体的投入状况——以历史古迹境内建筑物复原事业实地调查的结果为中心》（村田健一，奈良国立文化遗产研究所）、《历史古迹志波城遗址填筑地外墙、瞭望楼、外部南门的复原展示》（矢野和之，文化遗产保存计划协会）、《备中松山城遗址城郭之复原》（森宏之，高粱市教育委员会）、《长崎出岛荷兰商馆之复原》（波多野纯，日本工业大学）。四个案例的代表通过幻灯对情况做了详细的说明。这之后会议主持林一马（长崎综合科学大学）、图片展示组发言人本中真（文化厅纪念物课）、高岛忠平（佐贺女子短期大学）、木村勉（奈良国立文化遗产研究所）、谷直树（大阪市立大学）等做了图片展示和发言。他们分别就文化厅关于古迹整理和保护的思考（本忠）、吉野里遗迹整理保护的实情（高岛）、以朱雀门和大阪殿复原为例的建筑物复原存在的问题（木村）、个别复原缺乏建筑史研究人员的认真参与、复原必须具有与论文写作相同重要的意义，必须明确是谁做的复原、必须努力做到复原后可以交付市民使用（谷），等等，进行了论述。

提出的问题分门别类，主持人林先生将问题归纳为五个方面。第一，复原考察的局限性，即当事人非常努力，但整体来看与其他雷同，从某种意义上讲具有同质化特征；第二，参与的研究人员较少，仅有有限的人员参与；第三，有些建筑复原后没有很好地利用，或许是因为规划者具有一定的局限性，缺乏灵活性；第四，建筑物复原所存在的根本性问题，即无法提出数个方案，或者说在结构、用材和建筑方式上无法体现忠实于历史；第五，很多古迹都是国家指定的历史古迹，很容易按照某种特定的历史观推进整理和保护工作。

除以上五点外，平井圣（昭和女子大学）还提出，石墙等可以照旧使用并施以整理和保护，但建筑物地基的情况是即使将其挖掘出来，上面也不允许建再建筑，其结果导致与周边的高度不相吻合，这也是一个大的问题。铃木博之（东京大学）指出，必须意识到建筑物的复原如同服用剧毒药品，其中蕴含着危险。

整理保护就是研究

前面之所以介绍研讨会的内容，是因为这些内容在建筑物复原的主题下，暴露了涉及整个历史古迹整理维护过程中的问题。

特别是谷先生所提及的问题，不仅我本人目前正有同样的遭遇，而且在他处也常常听到。正因为相同的问题很多，所以才是真正现实且重要的问题。

让我们略微详细地来看一下这些问题吧。首先是建筑物的复原必须具有与论文写作相同重要的意义这点，换句话来说就是在认真研究、充分论证的基础上才能进行复原，并且复原后的作品有必要在展示场所标出名号，到底是谁负责的复原工作。遗憾的是，这一点我们基本没有做到。

我们在室外展示建筑物、在博物馆内展示复原模型时，很少明示是经过了谁的论证，这恰巧映射出了历史古迹等的整理维护的现状。明示设计者的做法除了对设计者表示尊敬，也使他们能够承担责任。

但我们却没有这样做。

整理维护也是一种研究，这应该说是常识，但实际工作中我却痛感并非如此。某市的历史古迹整理维护审议会上，有位委员提出"关于整理的方法有文化厅的方式和通商产业省的方式两种，我不希望使用文化厅的方式。因为如果我们进行所谓的研究的话，真不知道要弄到什么时候"。对此我无言以对。虽然我不认为有什么文化厅方式和通商产业省方式，但不需要做什么研究，可以立刻开工，这样的声音却是处处可闻。这其实和不能明示谁做的复原是相关联的，因为在轻视研究这点上，它们是相同的。

为了使整理维护获得成功

在对历史古迹进行整理维护时，需要注意的重要一点，就是要制订一个全面的计划。当负责人为复数的情况下，虽然也有必要各自从个人的角度出发拟定计划，但同时也必须保持充分的横向联络，要使计划成为真正意义上的"整体"计划。

目前我正在协助某市完成一个整理维护计划。建筑物的复原准备由委员会承担，在委员会的领导下，工程一步步地向前推进着，但是他们唯独没有将庭院考虑在内，由此产生了争执。建筑物的设计是依据史料研究后进行的，为了尽可能贴近当时的风格，大家付出了艰辛。但是庭院设计者交出的方案却是一份非常现代的、令人诧异的方案。建筑物的规划和庭院的设计分头进行，没有任何联系，当庭院设计的方案突然摆到面前时，便出现了如上的窘境。

推进此项事业的行政负责人忽略了建筑物和庭院之间的密切关系，这无疑是争执的原因；但除此之外庭院设计者并没有了解建筑物所在的地方是一个什么样的地方，只是一味地主张自己的作品也是一个很大的原因，缺乏整体的规划导致了这样的事态发生。与其说是规划的问题，或许不如说就是人的问题，所谓计划也包含着人的因素，倘若人的态度不能端正的话，整理维护工作将无法进行。

再举一个例子。某县准备重建老城城堡，现在正在规划中。发掘调研时发现了完整的基石，并且判明了基石所标示的建筑物房间分隔和建筑平面与江户时代末期的城堡图纸完全一致，于是便决定用木结构进行全面复原。原本他们就设想建造一座历史资料馆，于是便决定将此复原后的建筑充当历史资料馆。但一部分人认为只要外观用木结构复原就可以了，内部应该是与资料馆相适应的自由结构和自由设计，这一部分人使用的词汇是外观复原。问题是建筑物到底如何建造，内部如何处理，以庭院为主的建筑物外部结构如何建设，这些都分散研究，信息交换很不充分。建筑物的复原由委员会负责研究设计，目标是实现忠实于历史的复原。但建筑内部如何利用，外围又如何建设，关于这一切建筑物复原的研究人员没有提供任何意见。这同样也是整体规划没有充分发挥作用的例子。

建筑设计和内部展示相互缺乏联系的例子很多。那么为什么会出现这样的问题呢？其根本原因就是认识不足，人们没有认识到包含复原在内的整理维护工作就是一项研究工作。当那些不具专业知识、只有事务性工作经验的人企图强行推进整体计划时，便导致了这样的结果。

另外一点就是认识到，对古建筑的整理维护工作是街区建设的一个环节是十分重要的。我们在对古建筑进行整理维护的时候，必须充分考虑到应该如何为提高城市活力发挥作用，如何进行今后的城市建设。

我们花费了预算和人力，如果不能实现完美的整理和维护，这只能说是一件非常遗憾的事情了。前面所讲的虽然只是很少的一些罕见案例，我们依然强烈希望这样的案例今后不要发生。

（《月刊文化遗产》，文化厅文化遗产保护部，1999 年 11 月）

三、守护文化　建设街区

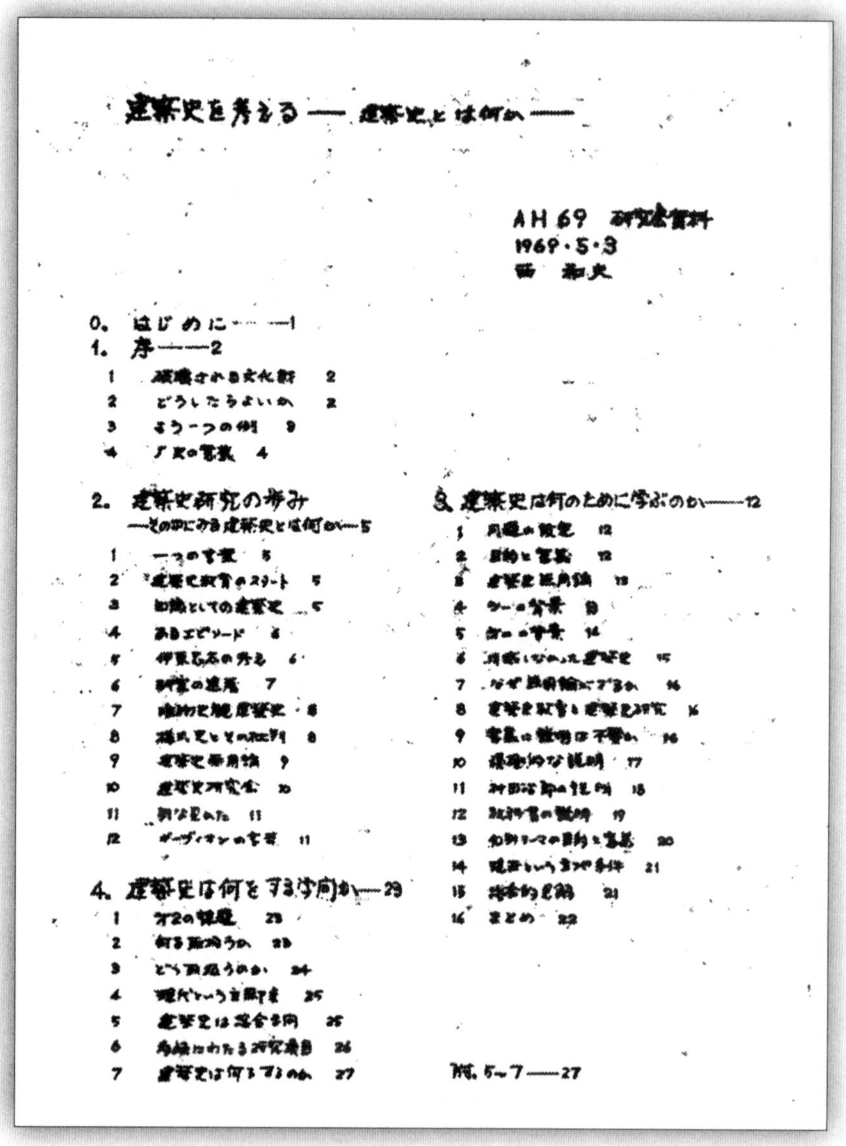

建築史を考える——建築史とは何か——

AH69 研究会資料
1969・5・3
西 和夫

1969 年，我在建筑史研究灰色发表的论文《AH69》的目录

1. 一直以来的思考

熊本县八代市的遗迹保护

如同前面所示，自2000年至2005年，平户市（长崎县）已经开始了街区调查和街区建设，目的在于设法保护街区中的历史性建筑。但是保护并不是说说而已，要让历史性建筑在街区建设中发挥作用，要守卫建筑，要"建设一个延续历史的街区"。在这种想法的支配下，从2000年起我们采取了行动。现在回忆起来，这一想法早已有之。

平户开始街区建设距今已有6年多了，当时写过一篇文章。在对熊本县八代市的老城麦岛城进行发掘时，挖掘出了建筑物的零部件。这一发掘成果是一次非常有价值的发现，但却险些不了了之。当时写下的就是下面这篇给报纸的投稿。

我们从八代市（熊本县）的麦岛城遗址发现了建筑物的零部件。零部件是我们对老城遗址进行发掘时，在护城河的遗迹中发现的。下面我们先简单看一下麦岛城的历史，然后再谈一下零部件的发现到底具有什么样的意义。

麦岛城位于八代市的中心、球磨川和前川相夹的一块河中岛上。河中岛屿的名字叫麦岛，故取名麦岛城。麦岛城建于天正十六年（1588）左右，元和五年（1619）地震时坍塌。由于人们对在河中岛屿建城感到担忧，所以之后没有再建。城址迁至现在的八代城，三年后的元和八年（1622）新城落成，它就是现存的八代城。

紧挨着麦岛城的是水运据点"德渊之津"。城主小西行长就是从军事和水运的双重含义出发建设的这座城堡。

那么我们所发现的建筑零部件到底具有何种意义呢？

第一点就是独一无二。以发掘的建筑零部件为例，我们从绳文时代樱町遗址（富山县小矢部市）出土了大量因洪水掩埋的建筑零部件，所有柱材都开有榫孔，其技术之高引人关注。弥生时代高床式（干栏式——译者注）建筑的零件在各地都有出土，以山木遗址和登吕遗址（皆位于静冈县）为主；山田寺（飞鸟时代，奈良县）中的一部分回廊出土时就是倒塌后掩埋时的样子，现在已在飞鸟资料馆复原并展出；平安时代的胡桃馆遗址（秋田县）出土过校仓式组合板建筑。虽然有上述这些例子，但是从全国范围看，类似的发现为数并不很多。

正因为古代和中世的发现较少，我们常常以为近世的发现会多一些，但情况并非如此。随着时代的进步，工具发达起来，可以随意地对原木进行切割。古代人们充分利用原木的本来形状，常常不会对原木有任何的破坏；而到了近世，往往要将原木的纤维切断。水从切口处渗入，使木材损坏。时代越是临近，发现却出人意料地越来越少，似乎也有这方面的原因。

第二点意义就是零部件的数量庞大、种类繁多。这些零部件好像是地震后落入了护城河，出土的时候还保留了建筑物的形状，非常有利于我们了解当时的建筑技术和形状设计。

形状清晰这一点为我们提示了麦岛城建筑的形状，这是其意义的第三点。或许有人会觉得出土的古代零部件因现存的建筑少而颇具价值，近世的零部件因现存的建筑多无须参考而价值略低，其实不然。如前所述，由于出土的物品在全国并不多见，所以价值不会下降。一切都是宝贵的。麦岛城的建筑原本就已不复存在，零部件便成为了唯一的线索。

除此之外，这些零部件不仅证明了一直以来口口相传的"因为元和地震而倒塌"的故事，同时也拥有多重价值。它们是一种立体的存在，令人一目了然，倘若复原后展示的话，一定可以雄辩地讲述历史，在街区建设方面还可以起到契机的作用。

零部件的展示将对街区的活力起到积极作用，这一点在今后整个麦岛城的实际整理维护过程中，将会发挥更加重要的作用。

麦岛城的发现是缘于道路施工的前期勘探。勘探中发现了漂亮的石灰岩石墙、宽阔的护城河、建筑物的基石以及规模庞大的地基结构，等等。因为有"古城"的字样，人们早就知道城之所在，但却在没有任何保护措施的情况下开始了道路施工。

应该对发现的古城遗址实施保存维护，还是按计划修通道路，目前研讨正在这两种意见的争执中进行着。双方各执己见，调解似乎并不容易。但是正如前面所讲，仅仅是建筑零部件就已经是一种无可替代的存在了，所以我们强烈希望运用建筑零部件，对古城遗址实施整体的保存和整理维护。

我们寄希望于八代市民，希望他们能够做出不留遗憾的贤明判断。

（《每日新闻·九州版》，2002 年 11 月 1 日）

我的想法是，难得有如此杰出的发现，一定要设法保存下来。但是这次发掘事出有因，是为修路而做的勘探。希望早日贯通道路的人们热切盼望着通行，并不希望做什么调查和保存。最初规划这条道路的原因就是现有的道路交通堵塞严重，无计可施。

我提出了议案，利用建筑零部件，对整个古城遗址实施保护、整理。幸好八代市的公路主管部门也表示理解，最终道路贯通了，古城遗迹在道路的下方得到了很好的保护。我们寄希望于充分发挥遗迹的作用，推进城市建设。我常常在想，城市建设不一定局限于街区调研，应该充分运用整个城市文化建设城市。

这就是本书最前面所讲到的 5 年前成立街区建设研究所的经过。这之后，出土的建筑零部件全部得到了保护，并进行了 PEG（聚乙烯二醇）置换处理，我们期待或举办展览，或为建筑物的重现发挥作用。我甚至在想如果能与麦岛古城遗址的整理和维护联系起来就更好了。

麦岛城遗址发掘现场
（确认了城郭石墙）

麦岛城遗址发掘现场（脚手架下正在出土建筑零部件）

发掘后的建筑零部件放在水中保管

水中保管的建筑零部件
（之后将依序进行聚乙
烯二醇置换处理）

横滨的城市建设

　　早在 20 年前我就提交了充分利用城市的历史遗产建设城市的提案。
1989 年横滨市都市规划室发行了《横滨新闻》这样一份为城市建设作广
告的报纸。当时我正好担任横滨市历史资产调查会会长一职，在创刊号上
我发表了以下文章。

　　横滨市历史资产调查会成立后立即开展了调查、建言等活动，这一切
令人欣喜，定会对国际化都市横滨的城市建设发挥大的作用。问题是这种
活动是否运用到"延续历史的街区建设"中去呢？这需要调查会和市民携
手并肩共同努力。

调查会的活动中，一项重要的内容就是保护历史景观。现在我国许多地方都在对历史景观实施保护。近几年议论较多的就有日本铁路东京站、丸之内站车站建筑的保护问题、丸之内东京银行协会大楼的拆毁问题、小樽运河填埋和运河沿岸仓库拆除问题、京都三条旧日本银行京都支店用作京都文化博物馆别馆的重建问题等许多案例。

横滨也毫不例外，也存在着日本火灾横滨大楼（日本兴亚马车道大楼）的重建、横滨市开港纪念会馆恢复建造初期面貌、横沟家住宅的保护和重建等各种问题。问题的核心是所谓的近代建筑已经到了老旧腐朽的时期，拆毁计划接二连三地出现。这些建筑中许多都是作为城市的地标长年深受市民青睐、爱戴的建筑，都是先辈们留给我们的宝贵遗产。在凡事都讲经济效率的现代社会，这些建筑动辄拆除；在经济高度增长浪潮的冲击下，古老而优质的建筑眨眼消失；我们应该已经深刻地感受到了一个缺少历史文化沉淀的都市是多么寂寥。

然而，城市是流动的，变化和发展也势在必行。景观保护必须在充分认识都市的变化性的基础上推进。那么具体又该如何理解呢？

景观保护需要超越"保留古老"这一概念，要认识到它是都市规划的一个环节。如果仅仅是消极地认为现存的建筑不能拆毁，是无法实现保护的。必须将其作为为营造新型的、卓越的、富有魅力的城市而实施的设计的一个环节，积极面对。

我们常常认为只有在建造新的楼房时才需要设计，这是错误的。

我们所进行的所有设计都是建立在先人们遗产的基础上的，建筑也不例外，绘画、雕刻等所有的艺术创作都是如此。我们对艺术的创意、构思、表现方法以及技术、使用的素材，所有这一切都是建立在先人们辛劳获得的成果之上的。卓越的景观也是都市设计的素材，是思想的反映，是先人们成果的庇护。

都市景观不仅是都市设计层面的一种素材，同时也是人民心中的资产。它和绘画以及雕刻不同，是任何人、任何时候都能够欣赏的资产。景观的拥有者是全体市民，建筑物的主人不是景观的主人。建筑物的主人即使有权利拆毁建筑，却也无权破坏景观。

如果景观就是市民的公有财产，那么保全景观的义务也将由市民共同承担。市民有义务经常关心使都市日益美好的规划。

倘若你在看到城市，看到水池，看到绿色的森林或者寺庙等历史建筑时会认为"非常美好"的话，那它们就都是美好的景观，此时你已然成为了拥有它们、保护它们的群体的一员，你也成为了建设美好横滨的设计者之一。

当每一位市民都成为优秀的设计者之时，都市横滨必将美丽无比。届时我们便不再需要横滨市都市规划室，历史资产调查会也将变得无用。我衷心期待那一天早日到来。

（《延续历史的城市建设》横滨新闻创刊号，横滨都市规划室，1989 年）

我说过，当市民"看到城市，看到水池，看到绿色的森林或者寺庙等历史建筑物时会认为非常美好的话，那它们就是美好的景观"，我提议过，每个市民都是"拥有它们、保护它们的群体之一员"，让我们大家共同保护景观吧。这是 20 年前的故事。

对建筑史的思考

1969 年 5 月，我在研究会上发表了一篇小论文。事情已经过去了 40 年。当时学生运动轰轰烈烈，社会躁动不安。宫上茂隆（东京大学）、稻叶和也（早稻田大学）和我，三个学习建筑史的年轻人相聚一起谈论起来。我们是学建筑史的，这个时候我们也必须认真地思考一下"为什么要选择建筑史"。接着我们成立了自己的研究小组，取"建筑史研究家"（Archiectual Historian）名字的首字母，将小组命名为 AH69。一色文彦（东京都立大学）、佐藤正彦（横滨国立大学）、铃木亘（东京文化学院）、森史夫（东京工业大学）、八木清胜（东京工业大学）赞成并加入了进来，我们总共 8 人开始了学习会活动。

论文便是我在研究会上所做的报告。我的题目是《对建筑史的一点思考：何谓建筑史》，文章结构是：1. 序言；2. 建筑史研究的历程：窥视建筑史的本质；3. 学习建筑史的意义；4. 建筑史的研究对象。当时并非如今全民拥有电脑的时代，所以全部是手写，密密麻麻的小字填满了 27 页 B5 大小的纸张。即使是现在想来那也是篇力作，自觉写得很好，而实际上这仅仅是前半部分，文章的后半部分的 "5. 建筑史研究的态度和方法；6. 文化遗产保护与开发"，决定继续写下去，在下一次研究会上发表。

遗憾的是，下一次研究会没有举办，我也丧失了发表文章后半部分的机会，甚至连底稿也没有留下。但无论怎样，我报告了论文的前半部分，与会成员讨论了论文。事情已经过去 40 年之久，讨论的细节早已记不清了，或许当年大家都还年轻，热烈议论的场景至今记忆犹新。

论文的序言从《遭遇破坏的文化遗产》开始。

遭遇破坏的文化遗产

《无视劝阻破坏遗迹　采石业者深夜偷袭》《西日本最大的乡台地遗迹一夜之间遍地狼藉》——3 月 10 日（1969 年）各类报纸晨报报道了正在发生的破坏文化遗产的行为。

"8 日晚，在山口县下关市绫罗木町、被称作西日本最大的弥生式遗迹的乡台地，采石业者不顾当地居民的反对，出动 11 台推土机……"（《每日新闻》，1969 年 3 月 10 日）

遗迹遭到了推土机的蹂躏，这在我国绝非偶然之事。因金泽文库闻名的横滨市，其金泽八景之一的称名寺，去年春天被房地产商用推土机一直推平到后山山脊，令有关方面措手不及；去年 9 月，冈山市的津岛遗迹遭到出于文化遗产保护的县以及县教育委员会的亲手破坏；等等。

破坏乡台地遗迹的业者如此解释，"在衡量文化遗产保护和产业开发之时，我们坚信产业开发更加重要。为了消除文化遗产的价值，今后仍将继续使用推土机"（《每日新闻》，1969 年 3 月 10 日）。这篇报道还刊载了"挡在推土机前，呼吁禁止破坏遗迹的人们"的照片。但是毕竟推土机看上去强大而有力，人群却显得非常弱小。

这正好象征着我国的文化遗产。破坏行为以强劲的势头接连不断地挤压过来，而防御的力量实在实在是太弱小了。

我们该如何应对？

破坏方也有他们的说辞，一旦指定为文化遗产，就无法开采砂石。

对于利益至上的社会来说，业者呼喊"地主可以得到补偿，而我们业者是没有补偿的"（《每日新闻》，1969 年 3 月 10 日），可以说也是不无道理的。但是，要让业者停下来，除了坐在推土机前便别无他法，这岂不是太可笑了吗？

于是，文部省于 11 日将这里紧急指定为历史遗迹。据说从前一天晚上就彻夜守护在这里的下关市立大学的学生们接到宣布的"指定"后，兴奋得拍手欢呼（《朝日新闻》，1969 年 3 月 11 日）。但是伴随着欢呼声，他们也一定发出了叹息。既然要指定，那为什么不是在破坏之前呢？

太迟了。申请历史遗迹保护的 33 000 平方米的土地，已经有 10 000 平方米惨遭破坏。

政府哀叹行政的贫困，迟迟不能开始遗迹保护。正如大阪教育大学教授国分直一（考古学专业）所主张的那样，我们需要一个全民性的运动（《每日新闻》，1969 年 3 月 13 日）吧。

下面再来看另外一个例子。

例子之二

1969 年 2 月 4 日，神户地方法院的法官小林对在姬路城的白色墙壁上涂鸦的两个男子作出宣判，分别判徒刑 2 个月和 3 个月。二人是前来姬路城参观的游客，在酒精的作用下，写下了"不能区别待人"等十厘米左右见方的大字，据说字迹所占面积高 1.6 米、宽 7 米，嵌入白壁 5 毫米—10 毫米，维修花费了 8 万日元左右（《每日新闻》，1969 年 2 月 4 日）。

不仅是姬路城，因涂鸦引起的纷争到处可见。或许有人会觉得这和推土机破坏遗迹还有所不同，毕竟花费 8 万日元就能修复，他们又没有恶意，只是发泄一下工作中积压的怨气。

其实不然。因涂鸦引起的纷争到处可见的现实就已经构成了问题，毫不在意地将发泄的对象选定为文化遗产则是又一个问题。可以说这与对文化遗产认识的匮乏与前面遗迹破坏事件中反映出来的保存和开发之间的矛盾、行政保护层面的问题相比较，是一个更加严重的问题。

除此之外，还有帝国饭店和三菱一号馆的保护问题，等等。我们周围能够说明仅凭呼吁来保护文化遗产是多么苍白无力的例子不胜枚举。那么到底我们该如何是好呢？

首先，我们应该让每一个国民都充分了解什么是文化遗产，文化遗产具备怎样的重要意义。或许人们会说，这么简单的道理根本就用不着强调，从小学就开始的历史课学习不就是教这些的吗？那么，果真是这样的话，又如何解释给津岛遗迹造成破坏的罪魁祸首就是教育委员会呢？

（AH69 论文，1969 年 5 月）

前面所举案例均为 1969 年发生的事件，大家或许会觉得过于陈旧，虽然对当时来说是最新的案例，但毕竟已经过去了 40 多年，现如今早就时过境迁了。但是，说句实话，或许真的没有变。现在破坏古迹的案例仍然频频发生，文化遗产的重要意义不能说已充分地深入人心。特别是最后部分所举的例子，可以说现在也完全一样。我坚持主张"首要的是每个人都充分地了解何为文化遗产，了解文化遗产的重要意义"。从这里开始论文将围绕"何谓建设史"展开论述，但当时的研究会上大家重点关心的也是建筑史的现代意义。人们的议论自然地集中到了计划在论文后半部分论述的"关于文化遗产保护和开发"上来了。

当时我的主张是仅仅呼吁保护文化遗产是无济于事的，文化遗产依然得不到保护。我们必须和市民们交流，提升文化遗产保护的地位，将其看作是城市建设的一个组成部分。

现在看来，这与现在的我的观点无缝相接，大家或许会说"40 年来你说的是同一句话"，我的回答是的确如此。

以上所涉及的 40 年前、20 年前、6 年前的观点贯穿于自 2000 年以来的平户、江津、松代、壱歧胜本、鹈沼宿、长井的"街区调查和街区建设"中，并导致了 2007 年城市建设研究所的开设。

2. 现在的所思所想

指定文化遗产做法的问题所在

2005 年我曾以《文化遗产保护的问题所在》为题，发表了当时的一些想法。到底什么是文化遗产，我的观点是只要自己认为是重要的，就是文化遗产。我的这种观点也是一种主张，即重要的东西要靠自己来保护。

文化景观

2004 年《文化遗产保护法》作了部分修改，文化景观和民俗技术被涵盖在了保护范围内。其中关于文化景观的释义是"文化遗产的一部分，由该地区人们生活、生计以及该地区风土而形成的景观"，可以"依据都道府县或市町村的申请，从位于景观法所规定的规划区域或景观地区内的文化景观中，将特殊重要的景观选定为重要文化景观"。选定工作由国家负责（文部科学大臣）。

尽管如此，何谓文化景观未必就形成了统一的概念，普通人对于景观法和景观规划、乃至景观区域是什么也并没有完全理解。我以为要想落实文化景观的选择，还需要一定的时间。

民俗技术和民俗文化遗产

范围扩大后的另一个保护对象就是民俗技术。关于民俗技术，文化遗产保护法指出，"民俗文化遗产中还应包括风俗习惯和民俗艺能，民俗技术中还应加入与地区传承下来的用于生活和生产的铁制、木制等工具、用具的相关制作技术"，一直以来，风俗习惯和民俗艺能这两项都可以指定为民俗文化遗产，在此基础上今后的民俗技术也可以指定了。但是关于民俗技术，要让大家了解和接受也需要一些时间。

文化遗产保护法的修改除了以上内容外，还增加了保护手段的多样化、实行有形民俗文化登记制度等新内容。过去有形文化遗产登记制度的对象只有建筑物，通过这次修改，有形民俗文化遗产也可以和纪念性建筑一起登记在册了。

虽然上述的这些内容，其概念的普及还需要时日，但民俗技术和民俗文化遗产这一与民俗相关的保护对象的扩大和保护手段多样化的实施，却是意义深远。

上面我们谈及的是国家（文部科学大臣）所管理的文化遗产，我想国家的法律如果发生了变化，各地县、市、町等的政策也会随之变化，所以我期待着新的概念向全国普及。

指定所存在的问题

下面我将谈到的并不是法律修改的问题，而是对整个文化遗产的思考问题。

指定或者说登记，在文化遗产的保护上当然是有效的。但是这一指定和登记的政策其实是有问题的，这点请大家注意。下面我们就开门见山，来分析一下指定也包含登记这一做法。指定这一概念在涉及文化遗产到底是什么时，往往容易引起误解。这种误解就是"指定的事物是重要的，而未指定的则是不重要的"。我们来看一下实际案例。

拆毁的逻辑——平户观音堂

事情发生在2002年1月，平户市（长崎县）"鱼棚町的观音堂"建筑被拆毁了。观音堂属町内共有，大家不仅崇敬期间供奉着的33尊佛像，还装点鲜花、除尘扫灰，一直珍重地守护着。

尽管如此，为何又拆毁了呢？是因为有人认为太过陈旧，想重新盖一座新的。那些人是这样主张的：太破旧了，到处都是破痕，索性将旧的拆了，翻盖新的吧。那么对于旧的建筑是否就能这样简单地拆毁呢？也有人表示怀疑。这些人认为：这座观音堂是我们的祖先刻意保留下来的，无论怎样它让我们感受到历史的沧桑。或许建筑本身就有历史价值呢。

当时我和学生们正在做平户街区的历史建筑调研，那些对拆毁抱有疑问的人希望我前去调研，早在这之前我对这座建筑的历史价值就有所感悟，所以接到委托后很快便进入了调研。

观音堂的历史价值

调研的结果是，宽正四年（1792）的《平户六町图》已经描绘了一座观音堂，应该就是这座建筑，所以说这座建筑至少可以追溯至宽正年间，而且我们判明观音堂正面所悬挂的鳄嘴铃铛是天保六年（1835）的捐赠物。这一带早年间靠近海岸，有一座叫作潮音寺（或潮音院）的寺庙，据说现存的观音堂屋脊的兽瓦上雕刻着的"潮"字就与该潮音寺（或潮音院）相关。这一点也提升了该观音堂的历史意义。

通过调研，我们还查明了观音堂看上去破损严重的原因。大正十四年（1925）堂的左侧进行过加盖，柱子的抽取等对结构造成了破坏，但只要进行修缮的话，整个建筑就能够保持足够坚固。

为了说明如上的调研结果，我们将镇上的居民们召集到了观音堂中。一直以来这座观音堂也用于类似的集会，从这点来说，镇上的居民们热爱观音堂、珍惜观音堂。我们面对观音堂，详细讲解了有关该建筑的历史和存在的结构问题，并回答了各种提问。就在那一次，我就以下问题进行了说明：这座建筑是可以追溯至宽正四年以前的平户旧城下町地区最古老的建筑；包括33尊佛像在内，今后也非常值得我们珍惜和维护；从结构上来讲，只要我们进行部分修缮的话，就能够很好地保存她；等等。

因为没有指定，所以没有价值

当时，强硬主张拆毁的镇上的某位实力派人物反复地这样说道："如果真是那么重要的建筑，早就应该指定为文化遗产了。不是没有指定吗？所以应该是没有什么价值的。"

他的这番理论乍听上去似乎很有道理。在反对拆毁的人群中也或许会有人持同样看法，认为没有指定为文化遗产，或许没有什么价值。针对这种看法我的解释是，之所以没有指定，是因为平户市迄今为止没有开展有关建筑物文化遗产的指定工作，这只能说明之前我们没有做调研，观音堂的价值并不明确，所以没有涉及指定的事宜。

那之后我又参加过镇民们的聚会，也参加了他们的讨论，反复地解释后终于决定："如果真是那么重要的建筑的话，那就不拆了，修吧。"但是很快事态逆转，"本来计划翻盖的，木材也都已经买好了，如果修的话，反对的人是不会出钱的"，"你们难道就听从外来者的意见吗"，等等，这些不合逻辑的意见大行其道，最终还是决定拆毁。当时他们一味强调这不是拆毁，只是翻盖，或许多少是对拆毁有些后悔吧。

平户市鱼棚町的观音堂（现在建起了新堂）

在观音堂内召开的调研结果说明会

同润会大塚女子公寓玄关部分

拆毁的逻辑

拆毁的来龙去脉就是前面所讲的那样。这里请大家注意的，是主张拆毁的人们所提出的理由："如果重要的话应该被指定了。"这种说辞和"因为没有指定，所以不重要"如出一辙，它的延伸就是"因为不重要，所以可以拆毁"。

拆毁的逻辑——同润会大塚女子公寓

让我们再来看一个例子。

故事发生在 2000 年 2 月。这之前有传闻说同润会设计的大塚女子公寓要被拆毁，很多人积极开展活动，希望设法予以保留，但情况似乎并不乐观。当时我作为东京都文化审议委员之一，向东京都文化遗产负责部门做工作，建议他们是不是能想想办法。

这幢公寓归东京都所有。我认为，对私人所有的东西去做工作的话，似乎是多管闲事，但平日里我的本职工作就是劝导他人珍惜文化遗产，又正赶上恰恰是东京都自己所拥有的东西，所以劝导他们珍惜对待是义不容辞的。

文化遗产审议委员中负责建筑的有三人，我和河东义之（千叶工业大学）以及水沼淑子（关东学院大学）三人齐心协力向东京都的负责人做工作。但是他们只是强调那是住宅负责部门的管辖范围，与文化遗产负责部门没有任何关系，看到我们三人一直在商量办法，最后以"不要在都厅办公楼文化遗产负责部门内商量"为借口，将我们赶了出来。

大塚女子公寓是一座地上5层，地下一层的建筑，坐落在东京都文京区大塚。总共有158户入住，昭和五年（1930）竣工。当初是为声援参加工作的女性所建，是在非常先进的观念下建造的。据内田青藏讲，"该建筑鲜明地反映了女性参与社会这一时代趋势，是一座具有时代特征的设计和规划"的杰出建筑。

2001年11月，日本建筑学会向东京都提交了《关于旧同润会大塚女子公寓成员房子的保存、改建的申请》，同时在日本建筑学会关东支部成立了"关于研究旧同润会大塚女子公寓保存、改建的特别研究委员会"，并实施了调查研究，由一些有识之士成立的"保留旧同润会大塚女子公寓之会"还向东京都提出了保存和改建的申请等，大家在指出这幢建筑具有较高价值的同时，表达了保存和改建的强烈愿望。尽管如此，表示不能改变拆除方针的东京都对上述这些希望保存和改建的动向反映非常敏感，我们被从文化遗产负责部门赶出来也说明了这一情况。

因为没有指定，所以不能留下

遗憾的是，不久公寓开始拆毁，在面对建筑物将要消失而进行的设法保留的协商过程中，来自东京都负责人的套话就是"如果指定了的话，我想是会有办法的"。这里所说的指定就是指国家或东京都的指定，特别是负责行政的人员简直就是拿指定当作是赦免牌符一样方便利用的口头禅了。

的确，若是指定了的话，情况或许会有所不同。但是这句话言外之意就是"因为没有指定，拆除也是可以的"，将指定当作赦免牌符挂在嘴边也是出于这样一种理由。这一理由有可能导致得到指定就重要，没有指定就不重要这样一种逻辑。

诚然，大多数人的感觉是这和指定不指定没有关系，只要是重要的建筑就应该保护。然而归根结底，"如果指定了的话，就……"的辩解声不绝于耳。

拆毁逻辑中的问题所在

前面所举的碰巧是我参与过的两个例子，但它们绝非偶然，对从事历史建筑保护工作的人而言是随处可见的。我们将这两个例子中关于拆除的逻辑整理出来，有下面几点。

1. 重要的建筑会被指定；

2. 被指定的是重要的；

3. 未被指定的是不重要的；

4. 未被指定的是可以拆毁的。

1和2本身都没有错误，问题是3。从2简单地导出了3，这是错误的。既然3是错误的，那么4也不正确。但是在现实生活中就凭着从1到4的逻辑而拆毁的建筑物何其多也。

我尝试着将这一不正确的逻辑向更多的人解释，结果令人非常惊讶，我得到的答复是4显然是不对的，但1至4的推理看不出来有什么不对。即使是我解释了2推导出3是有问题的，人们依然表示看不出来。

指定之前是未指定

于是我便依照下面这样再解释。

"无论多么重要的建筑，指定之前都是未指定。"

仅仅是这一句话似乎有些难以理解，经过下面的说明很多人才恍然大悟，很快便点头称是。

在指定之前，无论它们多么重要肯定都是未被指定的。那么是在指定的过程中才产生的价值吗？这是不可能的，价值是早就存在的，正因如此才可能被指定。也就是说仅仅凭借着是否被指定是不能进行价值判断的。无论是指定了，还是没有指定都会有有价值的建筑。

这里问题出现了。

"没有指定的建筑，到底有没有价值我们外行是看不出来的。""怎样确定到底应该保留什么，维护什么呢？"

对于这些问题，我是这样回答的。

"大家自己认为重要的，那就是有价值的。你们可以将自己认为重要的东西看作是文化遗产。"

我希望普通百姓将自己认为重要的东西看作文化遗产。当然，经国家或者县一级、市一级等自治体指定的也是文化遗产，但是倘若文化遗产仅仅限于那些的话，就很容易产生"因为没有指定，所以不重要"的想法。要想克服这种倾向，只能是将自己认定的文化遗产就当作文化遗产。只有这样才能产生保护身边的东西、保护随处可见的东西的想法。

文化遗产要由自己来决定

对于百姓们自己确定的文化遗产，我将它们命名为"庶民文化遗产"。这很容易被误解为"庶民性质的文化遗产"，或者说很容易被误解为仅仅指"庶民生活中使用的东西"，所以说并不一定就是一个很好的称谓，只是没有想到其他更好的名称。从人们可以根据自己的意志来确定文化遗产的角度考虑，根据自己的意志来称谓文化遗产等也并非不可以，但确实有些怪异。

我联想到神奈川大学的日本常民文化研究所，也尝试着用过"常民文化遗产"这个称谓，但是许多人听了后都理解为"就是老百姓的日常用具吧"。这个称谓也不合适。百姓的日常用具也包含在文化遗产中，但我们的称谓还必须包含建筑。

文化遗产不仅仅是国家或某个自治体制定的，也是自己确定的，这种观点才是本人关于文化遗产的终极定义。每当我这样想的时候，文化遗产距离我的生活就更近了。

以上便是我所思考的"庶民文化遗产"。

然而实际上，只有我个人具有"庶民文化遗产"的想法是没有任何意义的，只有大多数的人支持这一想法才有意义。于是我便尝试着推广这一想法，我研究室的学生开始在全国范围活动。

他们向人们征询意见，并请赞同我们观点的人找出自己的庶民文化遗产。一人找出一件的话，十人就是十件，五十人便是五十件；一人找出两件的话，就能找出一百件庶民文化遗产来。所有人员将其作为信息相互交换的话，是一件非常美好的事情。

庶民文化遗产的尝试

前面谈到了对于文化遗产的想法的一种尝试。

毋庸赘述，文化遗产绝不仅限于建筑。即便是仅就与建筑相关的而言，不仅作为民俗技术的建筑技术非常重要，同时作为民俗文化遗产的创造建筑的工具也非常重要。此类种种作为庶民文化遗产，也是必须认真保护的重要要素。

以上的尝试究竟有多大意义，是今后研究的一大课题。

（《文化遗产指定的问题点以及庶民文化遗产的尝试》，选自《历史和民俗 21》，神奈川大学日本常民维护研究所编，平凡社，2005 年 3 月）

臼杵市（大分县）随处可见建筑物上悬挂着写有"指定文化遗产——大桥寺山门""指定文化遗产——大桥寺大友宗麟公夫人之墓"等字样的木牌，据说这里的"指定"不是臼杵市行政的指定，而是昭和三十年（1955）前后民间团体臼杵市文化遗产保存会自主指定的（齐藤行雄指教）。这是"重要的东西要靠自己来保护"这样一种意志的反映，我给予它们关注是因为这与本稿件的主旨不谋而合。2004 年在高桥直子（传统建筑研究所）的协助下，作为神奈川大学日本常民文化研究所委托研究的一环，我开展了"为保护常民文化遗产（街区、景观、匠人技术等）的试行研究"。这项研究得到了神奈川大学建筑史研究室许多毕业生的帮助，不仅召开了研讨会和演讲会，还对各地的实际情况进行了调查。本文也吸收并汇总了那次研究的成果。

文化遗产的终极定义

指定之前都是未指定。我曾在很多场合提到过这句看上去有些玩笑式的语言。让我们也来保护那些没有被指定的东西吧。我想这才是文化遗产保护的终极方法。下面的文章也是其中一例。

近五年左右，我们一直继续着平户（长崎县）的街区调研，开端是这样一件事情。平户市现在正在推进 17 世纪初位于城区外围的荷兰商馆的重建工作。作为委员我也常去平户，每次去都会有一两处建筑物被拆毁，形成空地。平户曾经拥有城邑、港口和内外商贸区，历史性建筑很多。这些建筑一一消失令人深感遗憾。我向市府提议应该尽快采取措施，但是无论怎么说，我所得到的答复只是没有预算、缺乏人手。在这期间建筑物还在持续消失。这样的话我们只好免费地亲自出马了。当我和研究室的硕士生们说了此事后，大家纷纷表示我们干吧。于是我们开始了调研工作。就在我们即将开始的时候，当地的人却这样说：

"平户没有什么老街区。"

的确一眼望上去，整个平户都是现代的风格。但是当调研深入后，你会发现这里有很多历史性建筑。表面看上去是现代风格，但实质是古风。由于我们的调研工作并没有接受任何委托，所以每家每户都要先致谢拜托，只有对那些获得了许可的建筑方可实施调研，宛如蚂蚁啃骨头。当我们将成果在学会上发表时，有人问我们为何不针对所有建筑进行全面的调研？如果接受来自行政方面的委托，为行政而做的话，就可以实施全面的调研。很多研究人员只做此类调研。研究人员中很多人认为调查是为自己的研究所做，有时他们会说调研的结果可以反馈给当地，等等。但实际上并非如此，我们的调研应该是为地区而作，应该和当地人一起齐心协力完成。通过调研获得的信息要立刻向当地汇报，成果自然就应该是当地的。

也有人认为不用做什么调研，只要进行保护就可以了。但是重要的是，我们必须先了解清楚有些什么时期的建筑，这些建筑都有哪些特色，迄今为止居民们是如何利用这些建筑的，等等。这样才能使我们的街区建筑为日后服务。我们的自主调研虽然花费时间，但是也在一点一点地踏实地向前推进。当地的人们也纷纷行动起来，思考如何运用调研的结果做好今后的街区建设，还有人开始思考申请国家的注册文化遗产。到目前为止，国家注册文化遗产还只有当地的三处武家宅邸，这就算是个开端吧。长崎县的推进美丽街区建筑的事业也将"平户城下旧町地区"认定为了重点支援地区。所以现在的情况和"没什么老街区"的时候相比已经大相径庭了。说实话，注册也好，指定也罢，这不是目的。当地的人们主动认识到自己街区的美好才是最重要的。我常常这样说，并不是指定或注册了才有价值。

"无论多么重要的建筑，指定之前都是未指定的。"

那么是不是一经指定就突然提升价值了呢？这是不可能的，无论指定还是不指定，都是重要的。因此"让我们也来爱惜没有指定的建筑吧"。

那些认为没有指定便不重要的人想说"如果说所有的建筑都是重要的，那也不切实际吧"。

我的回答是，只要是您认为重要的建筑，那就是文化遗产，就应该珍爱，这才是文化遗产的终极定义。

（《新建筑》，2005 年 2 月号，新建筑社）

3. 地区杂志、人、街道、街区建设

通过地区杂志实现街区建设——与森真由美的对话

森真由美长年从事地区杂志编辑工作，关注地区建设，即她是一位了解地区、站在地区立场上讲话的达人。和她对话，使我为富含经验的达人才具有的含蓄表达而折服。我渴望与本书的读者分享她的讲话。

从生活者角度出发

西　今天我们迎来了从事地区杂志《谷中、根津、千驮木》（通称《谷根千》）的编辑——工作二十余载、参与过红砖的东京车站和上野奏乐堂的管风琴等东京遗留历史建筑的保护、利用工作的森先生。先请森先生介绍一下杂志《谷根千》吧。

森　在我的孩子还小的时候，我和其他带孩子的母亲在谷中的街道上闲逛时，注意到了那些木头的电线杆、垃圾箱、瓦片屋顶的民宅等传统的东西。我便去图书馆查阅资料，除了私家版的《谷中今昔》《谷中地标》外，没有其他史料，于是产生了对自己居住的街区开展调研的想法。

西　和浅草以及银座等地不同，普通的街区、普通的故事，并没有文字化的记载，相关史料只能是靠自己发掘，从居民中收集。

森　我听到了一些古老的故事。另一方面，目睹古老的房子接连不断地拆毁，我便想到不仅仅是要将它们记录下来，还要展开运动，保留建筑，保留巨树、稻荷神社和水井，等等。
　　1984 年，我和三位二十几岁的女性朋友共同创刊了地区杂志《谷根千》。最初我们的问题有些愚蠢，类似"迄今为止的生涯中，印象最深刻的是什么"等，令 70 岁和 80 岁的访谈者非常尴尬。之后我们的脑海中建立起了地区的地图和年代表，装入了当地的一些事件，如战前因上野动物园的黑豹逃脱引发的黑豹事件、战后谷中五重塔在昭和三十二年（1957）因殉情而付之一炬的事件、昭和四十七年（1972）日暮里车站发生的列车事故等身边发生过的事情。当时间和空间相吻合后，老人们便和我们聊了起来，我们的调研工作也顺利了起来。

西　最近地域学和地区学流行，非常引人关注，而当时处于摸索状态，真是很不容易啊。

森　是的。曾经有过街区会长以私家版形式出版《日暮里花见寺》记录，日暮里和弥生町的居民们自发地筹措资金，编辑町会记录等。我们组织过日暮里史谈会、根津史谈会，如果是一对一的谈话还好，在人数众多的情况下，会出现记忆的偏误，也会有对人的批判。

因为我们不是追究事实真相的媒体，所以主要是将当事人最辉煌时代的喜悦、对工作的回忆以及付出的辛劳写成文章。但是由于都是些生活范围的故事，无论写得好还是不好，都会略有微词。倘若无法超越这一烦恼，地域史的活动就无法开展下去。有人说现在社区已经崩溃，因此如果不能换一种形式重新构建的话就无法快乐地生活。不能因为老住户就可以骄傲，昨日搬来的人、今天才住过来的人，大家都是居民，都是平等的。反正人是无法一个人生存的，我想必要的时候需要携起手来，创造一个不惧怕多少添些麻烦的人际关系。

地区信息中心 ——《谷根千》

西　创刊《谷根千》时，你们有没有想过创刊一份所谓的城市杂志来反映新旧差异的意识？

森　是的，我们也曾经想过创刊一份由普通居民参与的双向的信息媒体，不仅仅是介绍老字号的店铺或刊载一些文人的随笔和对谈等，还可以以听写的形式进行采访，将当地人的话语原封不变地刊载出来。我们有时会遇到"那篇报道有错误"，"为什么不来问问我"的情况。我们只是出自中介者的立场，并不是要陈述自己的意见，我们将读者对不忍池地下停车场、上野车站重建等问题的意见正面地刊载出来。由于篇幅问题，到底应该刊载些什么，或多或少会有些主观……

西　发刊的经费和运营是怎样一种情况呢？

森　当初是我们三人筹措的费用，我们做过居酒屋的服务员等。常常有人问我们到底是将办刊物当作兴趣爱好呢，还是当作一份工作？虽然大型建筑开发商有财力在所开发的区域散发城市杂志，老字号联合会有过出资做东的先例，但是我们所处的不是繁华的闹市区，创刊一份生活者居住的街区杂志，这些都行不通。我们凭借着自行车创业，作为地区的一份小小的工作，我想只要能有份等同于区政府职员的报酬就可以了。总之，尽管我们背负着孩子，从早忙到深夜，却还是远远不及政府职员的报酬（笑）。很快我们有了自己的事务所，这个事务所也是不忍池之会、酸雨研究会、红砖的东京车站之会的集会场所。有了场所后人员和信息都汇集于此，从关于饮食店的评价到关于教育的咨询，在各种各样的信息汇集的过程中，也听到了一些关于拆毁建筑的议论。

西　真是一个地区信息中心啊。

森　是的。在众多的城市杂志和地区杂志因资金不足或人员分道扬镳而消失的情况下，我们一直为自己是社区历史学家而感到骄傲。做地区杂志如果不能留有余地的话，是持续不下去的。栃木的《涡马之子》、神乐坂的《这里是牛込、神乐坂》、爱媛县的《地球》都发生了编制人员因持续重体力劳动而死亡的事件。

所谓的社区历史学家

西　是吗？这么说来你们在其中坚持 20 年真是不简单。如果不是身心两方面都很强壮的话，真是不可想象。你们是一直将社区历史学家作为《谷根千》的编辑理念走到了今天啊。

森　用日语说的话就是乡土历史，好像有一种步入了意识形态领域的感觉。我的脑海中浮现出了向那些退了休的老人们询问关于寺庙山门的传说以及查阅古文献的时刻。我们在挖掘历史的同时，思考着与现在活着的人们以及街区的未来如何衔接的问题。

西　请普通人讲述普通的生活很困难吗？

森　匠人们的口风都很严谨，无论你问什么都是"没什么特别可说的……"。因为没有所获，所以我们就反复采访，从各种角度发问。看到建筑工人灵巧地用毛巾包裹着饭盒回家的身影，便有一种强烈的感觉，一定要将匠人们的谈话和技术保留下来，这段时间在晚间的文化广播中开始了INAX提供的"sound of master"的五分钟节目。我们正在收集的不仅仅是文字记录，还有长年相伴过来的寿司店、花店、木匠、制作三弦的匠人的声音。

西　谈到声音，每当我读起Lafcadio Heam（小泉八云）的作品，便仿佛听到了从前的声音。通过语言来保留声音太难了。

森　是的。我们还采访了关于空袭的体验。谷中在昭和二十年（1945）3月4日受到空袭，不仅有很多地方被烧毁，因爆炸而死的人也不在少数。讲述者说他的父母在东京大空袭和山手的空袭中无家可归，在燃烧后的动坂下的简陋房中安下家来。房子有十五坪大小，日照差，虫子多。是烧剩下的房子。

西　和人一样，建筑物也是活物，古老的建筑就有世代交替。地区的历史不仅仅是人的历史。

人类规模的社区

森　我自己并没有想成为什么作家、文人，但是很多东西《谷根千》登载不下，我利用那些忍痛割爱的史料为基础，以书的形式出版了《谷中素描册》《不可思议的城镇——根津》《鸥外之坡》《一叶的四季》《明治东京畸人传》，等等。

西　您这么一说，我想起了杂志《东京人》连载过居酒屋的故事。

森　是的。您还读过那些啊！（笑）

西　从饮食中也可以捕捉地域的故事，也可以窥视历史。

森　记得穷困的年代，给孩子们买不起一人一个炸土豆饼，于是求老板掰成一半，放在白纸里包起来。我甚至想将这种一分为二的创意和包装用纸、包装方法都记录下来，连同谢谢光临的招呼声。谷中还有卖七种食盐的食品商店，有的主妇七种盐分开用。

西　哦。生活中有很多故事啊。

森　《谷根千》事务所召集会议时由于没有时间做饭，我们便将钱给了先来的年轻人，嘱咐他们去谷中的银座买些做好的菜来，并请他们搭配菜谱。年轻人这里买点、那里买点，有烤豆腐、炸鸡块、刺身、炸土豆饼，他们说缺少油炸的食品，所以还买了油炸豆腐包的寿司，外带白酒。在年轻人看来一切好像是游戏，非常有趣。我们与街区的关系和生活互助协会、网络销售等不同，这些组织在人们想获得无农药、安全的食品时，常常将车子驶入街区，当然钱是不会落入街区的商店街的。而我所想的则是不太安全也没什么，就在街区里面买，让钱都落在街区里。

西　这一点也说明你们是扎根街区的。

森　我不会存放东西，所以家里的冰箱中除了啤酒什么都没有。我没有食用过冷冻食品等。我觉得能够住在一个每天都可以购物的街区是非常幸福的。

西　神奈川大学附近有一条六角桥商业街，这条街绝不亚于京都的锦小路。

森　在那里最重要的是要山南海北地闲聊。如果是在便利店或超市购物的话，不用讲话，把东西放在筐里，然后在收银处排队，付钱就可以了。但去了谷中的银座，就可以畅聊起来，什么"森，好久不见啊"，"你好像胖了点哦"，等等。一些老年人还觉得如果不聊聊的话会痴呆得早些呢。

西　提到商店街，现如今很多条街道日益凋零，商铺纷纷落下了卷帘门。

森　荒川区的汐入因白髭西地区的防灾规划，拆毁了联排长屋，居民们都迁入了高层公寓。这样一来，大家觉得下楼就很麻烦了，左邻右舍的感觉也没有了。第一年我去看跳盂兰盆舞时，看到大家在阳台上燃起送神火，而不是从前的地面了。我们的街区还在点燃迎神火和送神火，也还在将水果放进篮子中叫卖。这令我觉得宝贵的文化恰恰是留存在了我们的街区。

居民自发的建筑物保护运动

西 我们稍微换个话题，一些以太破旧了、经济上不划算为理由拆毁房子的逻辑非常清晰明了，如果我们要设法保留的话，不能彻底地推翻这些逻辑就无法抗衡。

森 和参与历史性的近代建筑保护运动相比，我参与的涉及街区中小建筑物拆毁的次数要多很多。在确认拆毁的申请提交之前，前往调查，呼吁保留，真的拆毁时再将废弃的东西捡拾回来。谷中的吉田屋酒家是个明治四十四年（1911）建造的商铺，它坐落在三崎坂的坡路上，对当地的居民来说是一道原汁原味的风景。商铺的主人、居民、台东区政府、艺术大学的师生们齐心协力，将其迁移至距其 100 多米的东京都公有地段，以台东区的历史资料馆附属展示场的形式保留了下来。账簿和茶壶等的民间用具、一万几千件的百姓生活史料也一同保存了下来。现如今还有了注册文化遗产的制度，当时只是指定为了区的生活文化遗产。这是一个地区居民的喜爱和行政及专家的专业知识完美结合的典型事例。

西 现在有一种趋势，就是珍惜明治、大正的建筑物，也包含民宅。注册文化遗产制度和景观绿三法（景观法、关于完善落实景观法相关法律等的法律、修正部分都市绿地保全法等的法律——译者注）等法律也完善起来了。

森 那时我们觉得近代建筑算是"新"的，像保留下来的药师寺啦、宇治的平等院啦……

西 是的，就在我们谈论保留那些新的建筑有什么用的时候，其实它们已经稀少起来了。

森 在吉田屋附近还有一家叫作伊势五的酒铺，原计划是全部拆除的，后经过和店里员工商量留下了明治时期的店铺。千驮木安田财阀的安田宅邸在获得物业主的理解后，也开展了居民自发的"建筑物声援团"活动，建筑物捐赠给了日本 National Trust（国民信托组织，1895 年英国成立的保护名胜古迹的私人组织，现已遍及世界——译者注），向世人公开。地价高昂的东京都中心区域的建筑物的保留需要法律工作者和税务工作者的帮助。

西　我的讨论课上，我们共同研读森先生的《东京遗产》(岩波新书，2003 年），学生们实地参观书中所选的建筑，共享森先生的观点。

森　通过活动介入的方法有很多，我只不过就是起了记录的作用，还有许多富有智慧的高参、辛勤工作的居民、拥有一技之长的达人和从学术角度探索的人们。当人与人之间建立起了网络，不仅仅是建筑物的保护，各种活动的企划、谁与谁组合能够举行放映会和讲演会等便都能够安排筹划。关于公寓的争论也同样，如果只是扑灭降落的火星的话，就不会有发展，我们现在具备的态势是平日里开展活动，一旦发生了什么就立刻集结，联络报社和建筑学会等，能够迅速应对。这不仅是对建筑物的保护，为了生活的防护和和平，如果需要也是要做的。

西　是的。你们将各种信息都在头脑中加以整理，编织好人际网络，这一点非常厉害。

参与街区保护和利用的姿态

西　街区调查并不仅仅是以调查而告终，还要和当地的人们一起交流、共同思考，在这一过程中，不知不觉地就进入了街区建设。建筑学中也有城市规划这样一个街区建设的专业领域，在我看来当地的居民和对街区建设关心的人们都是街区建设的专家。街区建设与其说是一个建筑问题，莫如说是一个关于人类思考、生活方式的问题，如果不能很好地面对的话，街区就会渐渐衰败。那时我们面临的质问就是不懂得什么是最重要的，我们就变成了重要的文化遗产要靠伟人来决定，不是文化遗产的建筑都不重要了。我的答案是只要大家认为是重要的东西，就是重要的。

森　一定会有人提意见，当发生"我觉得这个美丽、这个重要，你觉得呢"时怎么办？因为美丽是带有主观色彩的。

西　我同意。到底什么是重要的，基本原则就是居民本身所关心的，并不只是行政方面的文化遗产指定才是价值判断的标准。我现在正在推动的长崎县平户、岛根县江津、长野县松代、长崎县壹歧胜本的街区调查和街区建设活动，也是以此为出发点的。

森　18 年前谷中的人曾经问我，你出生在哪里？在什么地方玩过什么？哪里有树？这条路从前叫什么路？你喜欢玩什么？这些问题将我引向了简易的地图，开始了我最喜欢的实物调研。我喜欢寺庙的宁静和沉稳、享受耳闻朗朗诵经声的喜悦、陶醉于煎茶的芬芳和路过榻榻米店铺前的清香。通常官府都将交通便利、玻璃门窗的车站前大楼中有商户入驻、方便而高效的街区称为适合居住的街区，但是居民们却喜欢五感舒适的地方。尽管也有人认为因为具有历史意义所以需要保护，但是对于现在居住的人们来讲，舒心、舒适就是标准，所以便有了珍惜地区古老建筑的想法。

西　非常正确。每次调研，我都一定要去参加节庆祭奠。当超越了参观者的阶段后，谁都想做些什么。由于我在做着建筑物的调研，便由此出发，针对孩子们设计了收集盖章的活动；还制作一些团扇进行分发，夜晚点燃蜡烛引导过往行人，总之发挥自己的特长参与进去。如果不接触与五感相关联的事物就无法了解街区，仅凭调查建筑物的形状和设计是不够的。街区建设不以当地人为核心是行不通的。

森　是的。不知为什么，都是些搞建筑的和搞城市规划的人才与街区建设相关联。有些人无视当地的历史沿革，建一些令人不解地强烈反映自我主张的建筑。大老板们聚集的银座也同样，森楼株式会社在松坂屋的后面建起了高层，所以现在的建设只有从事建筑的人在参与。我认为应该从不同的视角出发，建设一个着眼于医疗、看护、福祉、教育、文化的富有特色的街区。

西　是的。根据我的调查，现在城市人口也不断减少，空着的房子多了起来，建筑物本身也不断老化，从年龄层来讲，老年人口增加，孩子的身影越来越少。从事都市规划的人们还坚持要在那样的地方修建道路。当我们问及在没有人的街区修建如此宽阔的道路准备做什么时，他们的回答是已经决定了的事情（笑）。

森　是的，是的。一旦决定的事情，行政方面是绝对不会推翻的。需要更加具体的努力。我去岛根县的时候，目睹了一家小小的杂货铺成为附近老年人生命线的情景。应该保护那样的店铺，靠地区居民大家的力量支撑下去。在发生 BSE（疯牛病）、牛肉出现问题的时候，我们《谷根千》曾编辑过一集肉铺的特辑，倾听他们的心声，每天购买牛肉，支持地区的肉铺。

从扫除开始对平户城下町的商铺进行维修，迎接商店街的夏日节庆

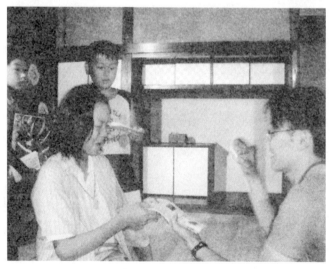

在焕然一新的商铺客厅中举办集戳活动

平户的河岸边的古仓库墙（这里烛火通明，也是集戳的一个站点）

继承建筑文化遗产

西 过去在保留建筑的时候有一种思路叫冻结保存，就是保持现状，将其冻结起来。现在这种做法已不再通用，或许是运用的方法出现了问题。如果不能提示利用的方法的话，建筑物就留不下来，而且城市也缺少活力。仅仅是展示街区调研的结果的话也没有意义。调研可以收集数据，可以写作论文，但对于地区的建设没有任何帮助。

森 的确如此。史料也只是借用。

西 研究人员常常用的一句话就是"地区还原"，我很为这句话骄傲。如果调研不是为了当地而作，那除了给当地添些麻烦外就没有任何意义了。

森 一个外行人最初步入建筑物保护这一领域的时候，都会认为文化遗产是上面指定的，为弥补保护所带来的麻烦，应该有些财政上的支持。从全国角度看，至今持有这种想法的人还很多，不仅如此，他们还坚信不钉钉子的传说，即"一旦成为了重要文化遗产，就连根钉子都不能钉了"。然而实际上并非如此，自己引以为豪的建筑是要靠自己来维护的，应该让建筑在当地发挥作用，现在观念正在逐渐发生变化。另一方面，行政方对恢复原形、还原建筑物当初的形状的说法也有些违和感，那样的话后面住进来的人的生活会怎样呢？不过这种情况最近也有所改变。

西　是改变了，因为观念变了，从一味地保存转向了利用。

森　还有人提出建筑物上后来贴上去贴纸和牌子、柱子的损伤等都应该原封不动地保留下来，但是基本上是当建筑物被确定要保留的话，行政当局就会将其修复、整理得过于漂亮，使其变得没有任何生活气息。

西　因为居民们不能继续居住，要迁往新居，建筑物倒是留下了，但是生活气息荡然无存。

森　静冈县蒲原的一位从事街区保护运动的官场女职员片冈，她没有让自家房子被指定为文化遗产，而是和建筑家商量进行了维修，修缮得更加方便后继续居住。她说我一直住在里面，非常舒适。

西　那太好了。还是那句话，自己认为重要的就加以珍爱，这种思考是文化遗产的最高境界。虽然我们说，无论多么杰出的建筑，在被指定为文化遗产之前都是未指定的，可对某些人来说还是说不通啊（笑）。

森　人们常常被外界的标准所左右，什么国宝啦、重要文化遗产啦，很难用一种全新的脱俗的目光来看待事物。

西　现在的建筑学正在推广一种理念，即建设时要考虑到拆除。从建设的初期就要意识到材料的有效利用，不是用过后扔弃，而是循环利用，提倡材料的利用配备不能给自然造成灾害，即"绿色配备"，对此有人认为是一种非常好的建筑思路。但是我却对此抱有疑问，特别是对"对……很关照"的表达方式存有疑问。我对学生们说，把我们现有的东西充分地利用起来，不扔弃就是最好的环保，就是最绿色的配备。现如今我们拆毁建筑，扔弃废物也是要花钱的。

森　谈到环保，1992年在里约热内卢召开了联合国环境开发会议。如何应对热带雨林的减少、氟利昂、二氧化氮等问题成为议论的焦点，虽然上面制定了标准和目标，但是却令人难以接受。需要由下至上地来思考。我们《谷根千》做了一个身边的维修铺的特辑，对所有的雨伞修理铺、西服改尺寸铺，还有加工板材、更换木屐带的商铺进行了调查，记录下了匠人们的工作状况。有很多人都觉得扔弃太可惜，有罪恶感，但又不知道去哪里修理，所以我们的特辑反响巨大。

西　总之，建筑物的保护和我们的生活密切相关，正因如此，更多的是需要依靠居民和地区的人们的想法。建筑物也好，街区也罢，都是在有人的前提下才能成立，因此当人这一部分经年历久不甚清晰的时候，还可以通过建筑和街区感受他们过往的气息。

世代相传的生活文化

西　建筑，也就是房子，蕴含着生活，因而它创造着人的根本，与我们在大街上所看到的世界相比，更加直接地造就着人。建筑和街区的保护仅仅依靠我们的感觉，仅仅是说古老的就是重要的、富有历史的就应该珍惜，等等，早已无济于事。我们必须思考如何向我们的后代传承下去。我们说更换木屐带子，而什么是木屐带子却无人知晓，说出"真的发生过战争吗？"的一代新人正在成长。像我这样的人实在是旧的一代了，已经快成化石了（笑）。

森　您这么说让我想起了有学生问过我什么是带有家徽的和服，实在令我无言以对。反过来说，什么都不知道有时也会是一个优点。当我看到老房子时，我会觉得很像从前居住过的家，会觉得非常留恋，而我的儿子却说"新鲜"。这就意味着我们需要让老房子具备认为新鲜的人能够居住的条件。如果就是现在这种状况的话，便只剩下了老年人，很快就会变成空巢。有时我想如果空巢中入住新人，或者说这些房子能够用于城市和乡村的交流的话那该多好。

西　认为古老的房子有新鲜感的这种看法才是真正的新鲜呢。我们在强调保留的时候，如果对保留没有某种程度的宽容度，我想是不行的。有一位幼儿园的老师说，当让幼儿们画大树的时候，过去的孩子画的是树干，树干上长着枝叶，而现在的孩子画的树都是圆的。孩子们说，从公寓楼上向下看时，看不到树干和其他的东西，所以就画成圆的了。这并不是说孩子们就没有从旁边看到过树，而是作为日常风景，他们都是从上面向下看的。与此相同，重要的是当地的年轻人看建筑物的时候是如何看的。即使研究人员和建筑家单方面地推行保护，也未必能够有好的效果。

森　如今在东京要想住木结构的房子，从条件上讲已经很困难了。但是那些一直住在老房子里的人却在说真想住一次新材料盖的房子，想住一住高级公寓，或者说已经这把年纪了，真想住在清风通透的房子里，哪怕小一点都可以。相反也有人说不喜欢非环保的楼房，想住进从前的那种木结构的房子去。现在在谷中，年轻人成立了民间非营利组织的公司，编辑出租人和承租人的名册，正在搞配对活动。因为有第三者的介入，规则明确，租借变得容易了起来。现在基本情况是老房子已经破旧得无法居住，开发商们在闲置的土地上进行着微型开发。因为是现建现卖，所以质量并不太好，即使这样，也有的地方在小路的中央摆上椅子和桌子，搭建起露天啤酒店来，创造一个交流的场所。

西　没错。地域培育出来的居住传统，即使在那样的条件下，也作为生活的智慧得到了充分运用。

森　有了微型开发就一定会有住在附近的人为儿子购入。其实附近邻居的儿子和女儿住过来的话，当地的文化就能够得到传承。

西　预定的时间到了。这次我们围绕着建筑物、街区的保存和利用这样一个在某种意义上有些二律背反的问题，请在地区从事这项工作的森先生作了具体的介绍，非常有参考价值。

（《神奈川大学 21 世纪 COE 项目　期刊
非文字资料研究》第 8 号，2005 年 6 月）

四、建筑史的作用

学生们，走出校门吧——我和学生们的社会贡献

前面就街区调查和街区建设、街区的复原重建以及传承文化的思考这三点，请大家阅读了迄今为止发表的一些文章。如果将这些归纳起来的话，恐怕就是《建筑史的实践》或《我和学生们的社会贡献》吧。也可以说是我和学生们一起来到街区，和街区的居民同心协力工作的一份记录。

没有什么结论可言。但是迄今为止所做的一切，都是研究室的研究生和本科生们的共同劳动，因此可以说"和学生们走入街区"的结果就是现在的这本书。最后我想以在这样一个主旨下完成的文章作为本书的结尾。

各地纷纷传来悲鸣

这段时间我一直忙于街区调查和街区建设。契机是这样的。

我的研究室以前每两年召开一次毕业生的同窗会，与会者约300人，现在是每年秋天聚会。由于是建筑史研究室，所以大家都是从建筑史专业毕业的，然而以建筑史为职业的人却很少。他们的工作各种各样，有设计事务所的，有大型综合建筑公司的，还有从事行政工作的，脱离建筑业的人也不少。就是这些人从全国各地汇集于此，即使不能出席，也会通过书信、邮件、电话的形式说说自己的近况。

这些人中有人认为应该重视历史性建筑，就是那些在工作之余一有时间就去观察建筑，遇到能够反映历史沧桑的建筑就非常高兴的人。这些人同样也在直面建筑物接二连三地被拆毁的事态。最初他们仅仅是觉得有些遗憾、可惜，觉得如果能存留下来就好了，很快便产生了应该设法保留的想法。他们并不是专家，也没有什么负责文化遗产的熟人关系。由于本身的工作很忙，所以没有闲暇参与到所谓的保护运动中来。当然，那些建筑也并非什么著名建筑，也没有什么保护运动之类。

每年一度，当他们出席研究室的同窗会时了解到还有很多和自己情况相同的人。他们对我说："难道就不能做些什么了吗？"我也想做些什么，但是又觉得没有马上做什么的能力。我好容易做出了这样的

回答："好，我们一起去看一下吧。"

接下来我们便前往实地考察，同窗会的成员将我们带到了现场。一个微不足道的个体千方百计地想做些什么的那种苦恼深深地感染了我，我的耳边似乎听到了悲鸣声。于是我决定开始调研，弄清楚什么样的建筑、在哪里、有多少，等等。单凭我一个人是无论如何也调研不尽的，我决定依靠大学生和研究生们的年轻和精力。

只能自己做

有这样一件事情。某市开始了建筑物的复原工作，行政方面成立了委员会。我也被召唤至那里上班。在上班途中，我发现了一个现象。每当我去的时候就会发现建筑物一座接一座地被拆毁，出现片片空地。整个街区宛如拔掉了牙齿。难得有一种历史的氛围，却出现这样的情况，实在太遗憾了。这样想着便向行政负责人提议是否能停下来。我得到的答复是这样的，没有预算、没有人手，也没有专家。接着还添加了下面一句，我们这个街区根本就没有古老建筑。

我后面的一位委员也去上班。空地继续增加，成了到处都是停车场的街区了。我又说了同样的话。得到的答复仍然和上次一样。在我们的对话过程中，建筑物一个个地消失掉了。

回到研究室后，我怒火冲冠。这时一位大学生这样对我说，您别生气，我们来做吧。忽然我醒悟了过来。是的，生气是无济于事的。只有靠自己，认为会有人来做是错误的。实在是不好意思，学生不说的话，我就意识不到。直到现在我一直都非常感谢那位大学生（如今已是大学老师）。

就这样，调查开始了。首先是对学生们的训练，让他们掌握调查的方法。行为礼仪也非常重要。我们要调查的建筑物的持有者多为年长者，其中有些人会对年轻人的服装和行动有违和感。如果真是那样的话，调查就无法开展。不过，这种事情也是教育的一个环节，所以还算好解决。不好解决的是费用以及各种各样的规定。第一大难题就是调研费的问题。该如何筹措呢。原本我们的研究费就很少，根本不允许用于学生的出差。第二个难题是将学生带出来后，万一发生事故怎么办。这也是个令人头疼的问题。我们申请了几种研究经费，但是现如今全国范围内到处都是建筑物消失的现象，没有任何稀奇的，所以研究经费没有申请下来。而申请的过程中建筑物在拆毁，必须尽快调研，拿出对策。这是和时间的赛跑，既然走到了这一步，就只有继续坚持下去了。

街区调查和街区建设

我们就是在这样一种情况下开始的调查工作。实地测量，实地采访。开始的时候街上的一些人对此将信将疑，远远地观望着我们，也有人前来问学生你们在做什么。夏日，烈日炎炎下，学生们默默地进行着实地测量。"你们进来吧，吹吹空调。"学生们充满感激地走进店铺，并和店铺的人攀谈起来。"哦，你们是在调查建筑啊。那样的话，我介绍你去……家吧，他们家也非常古老哦。"

在去过那个街区几次后，街上的人们对我们笑脸相迎："啊，你们又来啦。"这样一来调查进展得非常顺利。当他们得知街区中存有历史建筑后，这样对我们说："要想将它们留存下来，我们该做些什么呢？"于是我们开始了在街区中保留历史性建筑的研讨。研讨很快便转变成了街区建设，融汇历史的街区建设。

我和毕业生们共同承担的街区调查和街区建设有平户（长崎县）、江津（岛根县）、松代（长野县）、壹歧胜本（长崎县）、中山道鹈沼宿（歧阜县）、长井（山形县）。有的地方调查已基本结束，可以静观日后的动向，有的地方调查还在进行中；有的地方当地居民们积极地行动了起来、有的地方则问题成堆，总之进展参差不齐。调查费用的来源也分门别类，有的是我们自己负担；有的是行政承担一部分；有的则来自科研经费。

参与调查的主体是研究生和本科生。指导我们的调查方法和分析判断的是《建筑史》，我们运用建筑史实施调查和街区建设。

学生们，走出校门吧

调查的目的是什么呢？毫无疑问是为了当地社区。为了使建筑物得到保护，为了城市富有活力，我们和社区居民一起建设社区。如果说贡献社会的话或许有些夸大其词，但可以称得上是对建筑史的社会贡献。

街区调查和街区建设也是建筑史教学的一个环节。我也和学生们一起走入街区，在街区行动起来。我一直号召学生"走出校门吧"。当然也有人说不到街区去，在学校认真做研究，这本身也是一种社会贡献。诚然，这没有错，但是在历史建筑接二连三消失的现在，我还是希望能够坚持和学生们进入街区开展活动，在这种思想的支配下，至今我仍奔走在四面八方。

（《建筑杂志》2007年5月号，《特集　建筑史能为社会做些什么》，日本建筑学会）

结　语

　　本书汇总了迄今为止我和神奈川大学建筑史研究室的研究生、本科生开展的与街区建设相关的工作。建筑物的复原和修缮也是从街区建设的角度进行的。有人会觉得，"什么？就干了这么点事啊"；也有人会觉得，"你们做得可真不少啊"。不管怎样，我们的工作借助了研究生、本科生们的年轻和精力。

　　曾经有过这样一件事情。我的专业是建筑史，研究室的研究生和本科生们自然也就学习建筑史。据说有人说，学历史的人根本不可能懂得街区建设，他们只是"玩儿玩儿的"。很多人认为街区建设只有城市规划领域的人才可能胜任，言外之意是说我只是个"门外汉"。但是门外汉也可以和居民们齐心协力，使街区充满活力。街区建设不仅仅是搭桥铺路，实际上它也是人的问题。调查街区的历史、了解街区的历史建筑，利用调查的结果实践"沿袭历史的街区建设"，这就是我们所做的尝试。

　　幸运的是，我们得以和几个街区的居民们齐心协力开展活动。这其中很多都是研究室的毕业生们帮助的结果，也获得了街区居民们的热情支持。

　　为完成这本书，研究室同窗会的朋友们做出了很大的贡献，山田由香里担任了特别企划编辑，同窗会网络的朋友和研究室的研究生、本科生们也从调查之初开始做出了很多贡献。对此我深表感谢。

　　在神奈川大学任教以来眨眼间过去了 30 多年，有同窗建议我对 30 余年的工作做一总结，这本书便是我的果实。涉及街区调查和街区建设之外的工作，我将以《能从建筑史中发现什么》为题另行汇总，两册接近同时出版。感谢读者一并阅读。

　　本书超越了一个研究室的单纯的工作记录，希望能为关心街区建设的各位读者提供参考。

西和夫

2008 年秋